Amalgam
Wissenschaft und Wirklichkeit

von Dr. Wolfgang Koch
unter Mitarbeit von Martin Weitz

1991

Werkstattreihe Nr. 70

Herausgeber und Verleger:

ÖKO-INSTITUT e.V.
Institut für angewandte Ökologie

Geschäftstelle Freiburg
Binzengrün 34a
7800 Freiburg
Tel. 0761-473031

Büro Darmstadt
Bunsenstr. 14
6100 Darmstadt
Tel. 06151-81910

Weitere Informationen über Diagnose- und Therapiemöglichkeiten bei Amalgamschädigungen erhalten Sie auf Anfrage zugesandt von:

NATUR und MEDIZIN
Fördergemeinschaft für
Erfahrungsheilkunde e.V.
Am Michaelshof 6
5300 Bonn 2

ISBN 3-923 290-88-8

Inhaltsverzeichnis

Vorwort V

Teil A   Diskussion um Silberamalgam als zahnärztliches Füllungsmaterial 1

I. Die möglichen Wirkungen von Amalgam auf den Organismus 5

1. Die galvanische Belastung (die sog. Mundbatterien) 5

    a) Die Stromwirkung 6

    b) Der Stromfluß als Ionenfluß 9

2. Die allergische Belastung 9

    a) Die Häufigkeit und Erscheinungsform 10

    b) Derzeit noch offene Fragen 12

    c) Weiterer Forschungsbedarf 15

3. Die toxische Belastung 16

    Die Metallfreisetzung aus Amalgam

    a) beim Legen einer Füllung 17

    b) nach dem Aushärten einer Füllung 18

    c) als Ursache für Quecksilberbelastungen bei Amalgamträgern 22

    d) und die amalgambedingten Quecksilberbelastungen als Grundlage für die Abschätzung toxischer Amalgamrisiken 27

        aa) Das Ergebnis dieser Abschätzung aus schul(zahn)medizinischer Sicht 27

        bb) Das Fehlen von Beweisen für diese schul(zahn)medizinische Sicht 31

cc) An Stelle von Beweisen: Argumentation der Schul(zahn)medizin anhand der folgenden Kriterien (ad 1 - ad 3); kritische Würdigung 32

ad 1: Der Vergleich mit (symptomfreien) anderweitig Quecksilberexponierten 33
  (a) Die individuell unterschiedlichen Reaktionsweisen auf Quecksilber als toxisches Schwermetall 33
  (b) Die begrenzte Aussagekraft von Vergleichen des Quecksilbergehalts in einzelnen Organen und Organteilen bei Fehlen eines Vergleichs der Gesamtbelastung des Organismus mit Quecksilber 38
  (c) Der Mikromerkurialismus 40
  (d) Der MAK-Wert 46

ad 2: Die Quecksilberaufnahme mit der Nahrung 52

ad 3: Das Fehlen eines wissenschaftlichen Nachweises toxischer Amalgamschädigungen bei Amalgamträgern 68
  (a) Der Mangel "wissenschaftlich anerkannter" Verfahren zur zuverlässigen Diagnose toxischer Amalgamschädigungen bei den hiervon betroffenen Patienten 69
  (b) Das diagnostische Vorgehen innerhalb der Schul(zahn)medizin, als Beispiel: Universitätszahnklinik Münster 72
  (c) Bedenklichkeit dieses Vorgehens und etwaiger Rückschlüsse auf die Zahl der tatsächlich durch Amalgam geschädigten Patienten 78
  (d) Nachweis toxischer Amalgamschädigungen unter Einbeziehung von ärztlicher Diagnostik über den Bereich der z. Zt. "wissenschaftlich anerkannten" Verfahren hinaus; erfolgreiche Geltendmachung der Amalgamschädigung vor Gericht 80

II.	Abschließende Bewertung und Ausblick	85
III.	Literaturverzeichnis	91

Teil B Literaturdokumentation 111

Nachweise aus vier Jahrzehnten für das Wissen um Schädigungsmöglichkeiten zumindest im Fall einer fehlerhaften Anwendung des Amalgams

Teil C Anhang 1 - 12 129

Nachweise zu einigen der in den Teilen A und B aufgezeigten Gesichtspunkte

Vorwort

Mit Quecksilber hantierten vor Jahrhunderten schon die Alchimisten - um Gold zu machen. Den meisten dürfte eine schwere Quecksilbervergiftung das Leben verkürzt haben. Der Faszination dieses einzigartigen flüssigen Metalls sind auch die Zahnärzte erlegen. Was ist die Ursache ihrer kurzen Lebenserwartung von nur etwa 55 Jahren und ihrer vergleichsweise hohen Selbstmordrate?

"Amalgam" ist eine Legierung aus Quecksilber und einigen anderen, z. T. edlen Metallen. Seit mehr als 100 Jahren wird es als Ersatz- und Füllungsmaterial im Seitenzahnbereich eingesetzt. Erst in jüngster Zeit mehrt sich weltweit Kritik an der Anwendung von Amalgam. Dem Münchener Internisten und Toxikologen, Priv.Doz. Dr. med. Max Daunderer, gebührt hierbei besonderer Dank. Während von den meisten Zahnärzten und der Bundeszahnärztekammer immer wieder betont wird, "daß auf Amalgam wegen der guten Handhabbarkeit und fehlender Alternativen gegenwärtig nicht verzichtet werden könne", - das Bundes**gesundheits**amt schließt sich dieser ausschließlich handwerklich bedingten Forderung wenig kritisch an - weisen immer mehr kritische ZahnärztInnen und viele Betroffene auf unerwünschte Nebenwirkungen und Gesundheitsstörungen im Zusammenhang mit Amalgamfüllungen hin. Die vorgetragenen Beschwerden werden dabei überwiegend dem metallischen Quecksilber (Hg^0) angelastet. Eine sorgfältige, unabhängige epidemiologische Studie würde den Betroffenen helfen, eine solche gibt es aber nicht.

Die Verwendung von Amalgam wird durch das Arzneimittelgesetz geregelt, d. h. Amalgam ist wie ein "Arzneimittel" zu handhaben, wobei alle nur denkbaren Sorgfaltspflichten zu erfüllen sind. Dazu gehören Anwendung möglichst korrosionsbeständiger Amalgame, fachgerechte Zubereitung der Legierung, sorgfältige Unterfüllung, gezieltes Einbringen des Amalgam und ausreichendes Polieren der ausgehärteten Amalgamfüllungen. Das Polieren ist von ausschlaggebender Bedeutung, weil dadurch die Oberfläche der Füllung beträchtlich verkleinert und das Risiko der Hg^0-Freigabe erheblich - um mehr als das Hundertfache! - verringert werden kann. Das Gesundheitsrisiko ist bei Einhaltung aller Sorgfaltspflichten sicherlich gemindert. Es wäre aber vermessen, wenn die Bundeszahnärztekammer stellvertretend für alle praktizierenden ZahnärztInnen mangelnde Sorgfaltspflicht bis hin zu Kunstfehlern bei den KollegInnen ausschließen wollte. Von den durch zahnärztliches Handeln in die Umwelt gelangenden stattlichen Hg-Mengen - ca. 20 Tonnen pro Jahr alleine im alten Bundesgebiet! - einmal abgesehen, muß aus umwelttoxikologischer Sicht ferner berücksichtigt werden, daß die Menschen weltweit in zunehmendem Maße zusätzlich vielen, sehr komplexen Schadstoffbelastungen und physikalischen Einwirkungen ausgesetzt sind. (Die gelegentlich berichtete, äußerst schmerzhafte Interferenz zwischen zahnärztlich bedingter Quecksilbervergiftung und elektromagnetischen Feldern scheint weder Wissenschaftler noch Therapeuten zu interessieren.) Bei der gegenwärtig noch üblichen Einzelschadstoffbewertung mag das jeweilige Gesundheitsrisiko gering erscheinen, unter Berücksichtigung möglicher Kombinationseffekte müssen wir jedoch gegenwärtig mehr als vielleicht noch vor 50 Jahren mit gesundheitlichen Folgewirkungen auch bei niedriger Einzelschadstoffkonzentration rechnen.

Als Toxikologen sind wir außerdem verpflichtet, auf das erschreckend lückenhafte Wissen dieses Faches hinzuweisen, das eine abschließende Bewertung der potentiellen toxischen Auswirkungen von Hg^o noch nicht zuläßt. So fehlen sichere Kenntnisse über die Kinetik von Hg^o aus dem Amalgam in der Mundhöhle über die Lungen und auch den Nasen-Rachenraum bis zum Gehirn. Außerdem wissen wir wenig über die spezifischen Effekte des Hg^o in eng umgrenzten Gehirnarealen oder Ganglienzellen. Da bei den wissenschaftlichen Untersuchungen in der Regel das Gesamtquecksilber in Homogenaten größerer Gehirnabschnitte bestimmt wird, können wir weder zwischen den Toxizitätsanteilen von z. B. Methyl-Hg aus der Nahrung oder Hg^o (bzw. im Stoffwechsel entstandenes Methyl-Hg) aus Amalgam, noch zwischen bevorzugten Hg-Anreicherungszonen und weniger mit Hg-belasteten Regionen des Gehirns unterscheiden. Die Interaktionsmöglichkeiten anderer Elemente, wie z. B. die des Selens, werden bei den Messungen und toxikologischen Bewertungen kaum berücksichtigt, geschweige denn anderer Metalle oder gar der ungezählten organischen Fremd- und vor allem Schadstoffe. Jedenfalls reichen unsere Kenntnisse auf der Basis der zur Zeit üblicherweise angewendeten Meßverfahren nicht aus, um spezifische Effekte scheinbar niedriger Hg^O-Belastungen sicher auszuschließen. Unser gegenwärtiges Wissen über die Kinetik und die toxischen Effekte von Hg^O und Methyl-Hg reicht aber aus, um bereits heute für eine Minimierung der Quecksilberbelastung einzutreten. Insbesondere die lange Halbwertzeit von Hg im Gehirn von theoretisch etwa 18 Jahren läßt die Aussage zu, daß das einmal in das Gehirn gelangte Hg dieses Organ zu Lebzeiten kaum wieder verläßt. Es kommt also im Laufe des Lebens zu einer Anreicherung von Hg im Gehirn und dadurch bedingt möglicherweise zu Langzeiteffekten und Spätfolgen.

ZahnärztInnen muß also bei jeder Amalgamfüllung bewußt sein, daß sie mit einem toxikologisch brisanten, oder anders ausgedrückt, mit einem hinsichtlich möglicher Nebenwirkungen risikoreichen Material umgehen. Zum Schutze der behandelnden ZahnärztInnen, des zahnärztlichen Hilfspersonals und der behandelten PatientInnen muß umgehend ein risikoärmeres Ersatzmaterial eingesetzt werden.

Bei aller Betroffenheit verzichten die Autoren dieses Buches auf - menschlich verständliche - emotionale Darstellungen. Sie legen vielmehr Wert darauf, Fakten zu benennen und sie durch Zitate sorgfältig zu belegen. Sie tragen dadurch ganz wesentlich zur Versachlichung der Diskussion über das Amalgamproblem bei.

Es wäre wünschenswert, wenn sich auch die Ordinarien, d. h. Lehrstuhlinhaber (der Anteil der Frauen dürfte hier beschämenderweise noch weit unter 1% liegen), und WissenschaftlerInnen der zahnärztlichen Abteilungen an den Universitäten aus der spastischen Umklammerung eines Dogmas befreien und sich tolerant und gewissenhaft der freien und kritischen Diskussion des komplexen Themas "Amalgam" öffnen würden, wie es von der Bevölkerung von unabhängigen WissenschaftlerInnen erwartet werden muß. Der Mut der Autoren zur Veröffentlichung der vorliegenden Darstellung ist um so mehr hervorzuheben, als sie sich nicht mit dem "Mantel der Wissenschaft" schützen können, wie Wissenschaftler von Universitätsinstituten, sondern - ungeachtet auch eventueller finanzieller Einbußen - als niedergelassener Zahnarzt und Betroffener trotz sorgfältigster Absicherung ihrer Darstellung sich erheblichen, wenn auch unberechtigten, Anfeindungen von seiten "interessierter Kreise" aussetzen. Dieser Mut zur Wahrheit verdient Hochachtung und Unterstützung, auch durch andere WissenschaftlerInnen, durch ZahnärztInnen und PatientInnen.

Auch sollten unabhängige JuristInnen künftig nicht länger Gutachter für "Sachverständige" halten, wenn diese - wie der endlich pensionierte Erlanger Arbeitsmediziner Valentin - unter Mißachtung ärztlicher Ethik eine **Erhöhung der tolerierbaren Grenzwerte** für Hg beim Menschen durchsetzen und die Menschen allenfalls als "biologisches Material" betrachten. Es muß erschrecken, daß solche Denkweise noch immer weiter verbreitet ist als man glauben möchte, erinnert sie doch fatal an die Zeit in Deutschland vor 50 Jahren ....

Es erfüllt uns mit Befriedigung, daß ein alter Kieler Professor sagte:
"Die Wahrheit triumphiert nie, ihre Gegner sterben nur aus"
(MAX PLANCK: "Persönliche Erinnerungen an alte Zeiten"). Im Interesse der Hg-Geschädigten und aller, die künftig vor Amalgam bewahrt werden müssen, wäre allerdings ein rascherer Bewußtseinswandel bei den Verantwortlichen Not-wendig.

Kiel, im November 1990

Priv.Doz. Dr. med. C. Alsen-Hinrichs   Prof. Dr. O. Wassermann

Abteilung Toxikologie, Klinikum der
Christian-Albrechts-Universität zu Kiel

Teil A

Diskussion um Silberamalgam als zahnärztliches Füllungsmaterial

TEIL A

Diskussion um Silberamalgam als zahnärztliches Füllungsmaterial

Seit rund hundert Jahren füllen Zahnärzte Defekte in kariösen Zähnen mit dem Werkstoff Amalgam. Neunzig Prozent aller Menschen im mittleren Lebensalter tragen Amalgamfüllungen. Die einfachsten, für die Sozialpraxis preisgünstigsten und daher unentbehrlichen Füllungen sagen die einen, als "Gift im Mund" mögliche Ursache für Gesundheitsstörungen sagen die anderen.

In den vergangenen Jahren ist immer wieder die Diskussion über die Frage geführt worden: "Kann Amalgam als Füllungsmaterial heute noch verantwortet werden?", so z. B. eine Vortragsüberschrift (*Professor Dr. Dr. Ketterl*) auf dem 18. Europäischen Zahnärztlichen Fortbildungskongreß 1986 in Davos.
Das Bundesgesundheitsamt, das für die Arzneimittelsicherheit im Hinblick auf das Arzneimittel Silberamalgam an sich zuständig ist, teilt hierzu mit: "Dem Bundesgesundheitsamt liegen für keine der vier von Ihnen angegebenen Möglichkeiten Meldungen über silberamalgambedingte unerwünschte Arzneimittelwirkungen vor" (*Schreiben des BGA vom 10.8.1983, Anhang 1 Seite 1;* gefragt worden war, ob dem Amt Anhaltspunkte für leichte bis schwere Gesundheitsschädigungen durch Amalgam bekannt seien, und zwar bei fachgerechter bzw. bei nicht fachgerechter Verarbeitung und bei Vorliegen einer Allergie bzw. ohne Vorliegen einer Allergie gegen Amalgam, *Anhang 1 Seite 2*).
Die Bundesregierung ließ durch ihre Parlamentarische Staatssekretärin Frau Karwatzki am 19.9.1986 im Deutschen Bundestag auf eine schriftliche Anfrage des Abgeordneten Dörflinger (CDU/CSU) mitteilen, "daß von Quecksilber in Silberamalgamfüllungen keine

nennenswerten Gesundheitsgefahren ausgehen" (*BT-Drucks. 10/6077*).

Auch die Kassenzahnärztlichen Richtlinien und die Kommentierungen führen aus, daß Amalgam als Füllungsmaterial im Seitenzahnbereich in der Regel angezeigt sei und "daß es nicht angeht, aufgrund ganz seltener Beobachtungen und meist nur vermuteter Zusammenhänge mit Erkrankungen das Amalgam als Füllungsmaterial abzulehnen" (*Liebold et al. 1988 S. III/123 - III/124*).

Unter Einbeziehung toxikologischer und arbeitsmedizinischer Erkenntnisse wie auch auf Grund von Patienten-Untersuchungen mit entsprechend <u>geeigneten</u> Verfahren kommt eine zunehmende Zahl von Wissenschaftlern, Ärzten und Zahnärzten zu einem anderen Ergebnis. Danach führen Amalgamfüllungen sicherlich nicht bei jedem Menschen zu gesundheitlichen Schäden. Aber: Amalgam bringt häufiger, als die offizielle Schulzahnmedizin eingesteht, gesundheitliche Beeinträchtigungen mit sich. Manche Krankenkassenverbände haben vor diesem Hintergrund erwogen, Amalgam als Zahnfüllungsmaterial durch einen anderen Werkstoff zu ersetzen (*Kees 1988 S. 58*). In der Sowjetunion wurde die Verwendung von Amalgam wegen seiner Gefährlichkeit eingestellt (*Reckort 1988 S. 843; Institut der Deutschen Zahnärzte 1988 S. 291 unter Berufung auf FDI-Newsletter Nr. 146 März 1986 S. 5*). Die gleiche Entwicklung zeigt sich nach Angaben von Professor Masuhara, Japan Institute of Advanced Dentistry, Tokio, in Japan: Dort begünstigen die Krankenkassen durch ein höheres zahnärztliches Honorar das Legen von Kompositfüllungen an Stelle von Amalgamfüllungen. Aus diesen "wirtschaftlichen und auch aus anderen Gründen wird es heute nicht mehr verwendet" (*Masuhara 1988 S. 287*). Bereits im Jahr 1972 forderte der seinerzeitige Vorsteher der Prothetischen Abteilung des Zahnärztlichen Instituts der Universität Basel *Professor Dr. Dr. Gasser (1972 S. 82; ders. 1976 a S. 88)* den Verzicht auf Amalgam als Füllungsmaterial. In Schweden wird derzeit ein Verbot des Amalgams erwogen (*Lutz 1990*), nachdem ein vom Schwedischen Gesundheitsministerium einberufenes Expertenteam Amalgam als "toxicologically unsuitable" (als toxikologisch ungeeignet) für

die zahnärztliche Behandlung kariöser Zähne bezeichnet hat
(Socialstyrelsens Expertgrupp 1987 S. 39).

Auf Grund international anerkannter Standards *(vgl. hierzu z. B. Kittel 1989 S. 516; Heidemann 1987 S. 166; Pilz 1985 S. 240)* weisen die Amalgamlegierungen in den westeuropäischen Staaten (z. B. Österreich, Schweiz, Skandinavien, Frankreich, Großbritannien) und in den USA die gleiche Zusammensetzung auf wie die deutschen Amalgame. Die Amalgamfüllungen bei uns sind mithin nicht sicherer als die in den anderen genannten Staaten *(vgl. Schreiben des Bundesverbandes der Deutschen Zahnärzte und der Bundeszahnärztekammer vom 10.8.1987, Anhang 2)*. Schadensmeldungen aus diesen Ländern sollten daher auch bei uns aus fachlichen Gründen berücksichtigt werden.

I. Die möglichen Wirkungen von Amalgam auf den Organismus

Amalgamfüllungen enthalten durch ihren hohen ca. 50%igen Quecksilberanteil ein gefährliches Potential. Die weiteren Bestandteile sind Silber, Zinn, Kupfer und ggf. Zink. Aus dieser Zusammensetzung ergeben sich drei Gefahrenbereiche für die Gesundheit des mit Amalgam behandelten Patienten.

1. Die galvanische Belastung
   (die sogenannten Mundbatterien)

Diese Belastung beruht auf dem Prinzip des Bimetall-Akkus, das heißt, zwischen zwei verschiedenen Metallen fließt in einer elektrolytischen Lösung ein Strom. Im Mund ist diese

Lösung zum einen der Speichel. Mit ihm kommen die Amalgam-Metalle an den Füllungsoberflächen in Berührung und bilden somit ein galvanisches Element ("Mundbatterie").

Zum anderen grenzen die Füllungen mit ihren Unterseiten an die Gewebsflüssigkeit im Zahnbein und im Kiefer, die ebenfalls als Elektrolytlösung wirkt.

Es bilden sich daher zwei - gegeneinander gerichtete *(Riethe 1988 S. 243; Lukas 1988 S. 41; a. A. Peesel / Kramer 1982 S. 8: parallel geschaltete)*, sich jedoch nicht vollständig kompensierende *(Lukas 1988 S. 41)* - galvanische Elemente *(Riethe 1988 S. 243; Lukas 1988 S. 41; Meiners 1984 S. 44; Marxkors 1964 S. 6)*.

Die dabei zwischen unterschiedlichen Amalgamfüllungen oder auch zwischen Amalgam und anderen Metallen auftretenden elektrischen Ströme und Spannungen lassen sich mit einem empfindlichen Volt-Ampère-Meter messen.

Die Bewertung von Auswirkungen der elektrischen Vorgänge in der Mundhöhle ist kontrovers.

a) Dies betrifft zunächst die Beurteilung der reinen Stromwirkung.

Ganzheitsmedizinisch orientierte Zahnärzte halten Werte bis 100 mV, bis 3 μA bzw. bis 60 nWs für tolerierbar *(Kramer 1988 S. 175; Thomsen 1982 S. 154 - 155; Thielemann 1954 S. 837)*. Bei darüberliegenden Werten, die nach *Rheinwald (1962 S. 258; damit in Übereinstimmung Störtebecker 1985 S. 132 u. Thomsen 1985 S. 25, jeweils mit detaillierten Meßwert-Vergleichen)* bis auf ein Vielfaches der physiologischen Werte ansteigen können, raten sie, die beteiligten Zahnmetalle, insbesondere die elektrochemisch unedle Metallmischung Amalgam, als krankmachendes Agens in Betracht zu ziehen.

Anlaß hierfür ist die Vorstellung, daß Veränderungen des natürlichen Aktionspotentials der Gewebe in der Mundhöhle auch Verschiebungen im Ionenmilieu der Gewebssäfte und des Speichels - eine sog. Elektrolytverschiebung - auslösen *(Rebel 1955 S. 1591)*. Auf diese Weise sind ein Eingriff in den Ablauf der normalen elektrophysikalischen Vorgänge und eine Veränderung der Reaktionslage der davon betroffenen Gewebe denkbar *(Rheinwald 1956 S. 525)*. *Schmitt (1955 S. 9)* berichtet, daß schon Stromstärken von 6 µA an einer Pulpa Reaktionen hervorrufen können.

Die o. g. Grenzwerte sind unter Beachtung dieser Erkenntnisse festgelegt worden und haben sich seit Jahrzehnten auf Grund der Therapieergebnisse nach Beseitigung erhöhter Mundstromwerte aus ganzheitsmedizinischer Sicht bewährt *(Kramer 1988 S. 175)*.

Andere Autoren bestätigen zwar ebenfalls die Wirkungen eines Stromflusses im Organismus - Irritationen der peripheren Nerven, der Rezeptoren oder der Muskelzellen -, halten die im Mund durch Amalgam verursachten Werte jedoch i. d. R. für zu gering, Krankheitsfolgen auszulösen *(Elger 1988 S. 169 - 172)*. Zur Begründung verweisen diese Autoren auf die VDE-Richtlinie 0750, nach der bei Operationen am offenen Herzen Ströme von 10 µA bzw. am Gehirn Ströme von 100 µA vertragen werden *(Riethe 1988 S. 243; Lukas 1988 S. 41)*. Leider übersehen diese Autoren, daß Auswirkungen einer <u>momentanen</u> Strombelastung während einer Operation nicht gleichgesetzt werden können mit den Auswirkungen einer <u>Dauerbelastung</u> durch den Strom zwischen Mundmetallen unter Beteiligung von elektrochemisch unedlen Metallen im Amalgam *(Peesel / Kramer 1982 S. 12;*

Ullmann 1981 S. 1425). Ein Narkosemittel - als Vergleich -, eingesetzt für kurze Zeit bei einer Operation, führt ebenfalls sicherlich zu zusätzlichen Folgewirkungen, wenn es über Tage, Wochen, Monate und Jahre hindurch dem Patienten zugeführt wird.

Lediglich in den Fällen eines metallischen Kontakts zwischen einer Amalgamfüllung und einer Goldeinlage gestehen inzwischen auch Vertreter der Schulzahnmedizin ein: "Ein solcher metallischer Kontakt darf unter keinen Umständen eintreten, um einen ständigen schwachen Stromfluß mit seinen erheblichen, z. T. auch pathologischen Folgen zu vermeiden" *(Knappwost 1988 S. 139; Knappwost et al. 1985 S. 133; vgl. auch Meiners 1984 S. 47; Marxkors et al. 1984 S. 1140 und bereits Rebel 1955 S. 1594)*.

Sind Spontanheilungen nach Amalgamentfernung (u. a. bei Schwindelgefühl, Zungenbrennen, Aphten, Metallgeschmack, chronischen Gingividen, Mundtrockenheit; weitere Aufzählung bei *Raue 1986 S. 19 - 20; Kramer / Peesel 1977 S. 333; Rheinwald / Mayer 1954 S. 838 - 839*) zu beobachten, so ist dies zumindest ein Indiz dafür, daß zuvor solche pathologischen Folgen wirksam geworden sind. Bereits im Jahre 1953 befand der spätere Präsident der Landeszahnärztekammer Baden-Württemberg und Leiter des Zahnärztlichen Fortbildungszentrums Stuttgart *Professor Dr. Dr. U. Rheinwald (1953 S. 32; ähnlich Raue 1980 S. 2309)*:

"Die krankmachende Reizwirkung solcher Ströme muß in den Kreis diagnostischer Erwägungen einbezogen werden. Die Prüfung der elektrischen Verhältnisse einer Mundhöhle ist so wichtig wie die Röntgenuntersuchung der Zähne."

b) Der Stromfluß zwischen Amalgam und Amalgam bzw. zwischen Amalgam und anderen Metallen ist kein reiner Elektronen-, sondern ein Ionenfluß *(Meiners 1985 S. 798; Kramer / Peesel 1977 S. 334; Schmitt 1955 S. 9)*, an dem alle im Amalgam enthaltenen Metalle beteiligt sind *(Kramer 1988 S. 72; Peesel / Kramer 1982 S. 10; Rheinwald 1962 S. 257)*. Je höher die festgestellten Stromwerte sind, desto mehr Quecksilberionen, Silberionen etc. werden in den Organismus abgegeben *(Störtebecker 1985 S. 131)*. Auch bei geringen elektrischen Strömen können im Laufe der Zeit merkliche Ionenmengen in Lösung gehen *(Riethe 1982 S. 61)* und patho-biologische Wirkungen bis hin zu chronischen toxischen Belastungen entfalten *(Grasser 1958 S. 479 u. 482)*. Teilaspekte dieser Vorgänge deutet auch die Zeitschrift "Zahnärztliche Mitteilungen", das Organ des Bundesverbandes der Deutschen Zahnärzte e. V. und der Bundeszahnärztekammer, an, wenn dort *(Bergman 1986 S. 373)* eine "Gewebeantwort" eingestanden wird, die durch freiwerdende Metallionen in der Mundhöhle verursacht werden kann.

Die weiteren Aspekte der toxischen Belastung durch Silberamalgam finden sich unter Punkt 3.

2. Die allergische Belastung

Quecksilber ist eines der häufigsten Kontaktantigene *(Diehl 1974 S. 40; Groenemeyer 1967 S. 464)*. Quecksilber aus Amalgam wie auch die weiteren Amalgambestandteile können durch Reaktionen mit Eiweißverbindungen zu Vollallergenen werden und so allergische Reaktionen auf Quecksilber bzw. auf Silberamalgam verursachen *(vgl. im einzelnen Gasser 1983 S. 1035 u. 1040; Marxkors 1970 S. 126; Spreng 1963 a S. 1789 - 1799)*. Der Nachweis erfolgt nach schulmedizinischer Auffassung durch den Epikutan-Allergietest *(Herrmann 1988 S. 54; Gall 1983 S. 330)*.

a) Eine Allergie gegen Quecksilber kann ohne Beteiligung des Silberamalgams gegeben sein. Sie kann aber auch beim Legen oder erst im Verlaufe von Jahren während des Tragens von Amalgamfüllungen entstehen *(Riethe 1988 S. 250; Burrows 1986 S. 372; Strassburg / Schübel 1967 S. 8)*. Eine Sensibilisierung, die im allgemeinen jahrelang bestehen bleibt, kann in jedem Alter erfolgen *(Marxkors 1970 S. 126)*.

Die manifeste Allergie äußert sich in verschiedenen Formen: vom einfachen Juckreiz mit verschiedener Intensität bis zu therapieresistenten Hauterkrankungen, Augenleiden, Magen-Darm-Affektionen; gelegentlich zeigen sich auch Reaktionen an der Mundschleimhaut als Cheilitis, Gingivitis oder Stomatitis *(Djerassi 1970 S. 34)*. Möglich sind, was häufig übersehen wird, systemische Wirkungen auf den Organismus, ohne daß im Mundbereich Symptome auftreten *(Bergman 1990 S. 4 u. 6)*.

Diese Krankheitserscheinungen können nicht nur im zeitlichen Zusammenhang mit dem Legen neuer Amalgamfüllungen auftreten. Auch durch das Ausbohren von Füllungen können sie ausgelöst werden *(Herrmann 1988 S. 53)*.

Schulzahnmediziner stellen solche Allergien gegen Quecksilber aus Amalgamfüllungen als "außerordentlich seltene Ereignisse" *(Herber 1981 S. 508; Riethe 1982 S. 70)* dar und vermuten lediglich "40 - 50 dokumentierte Kasuistiken" in der Weltliteratur *(Herrmann 1988 S. 194; Knolle 1988 a S. 859; Herrmann 1984; Forschungsinstitut für die zahnärztliche Versorgung 1982 S. 23)*. Andere scheinen anzunehmen, 0,1% der Bevölkerung seien hiervon betroffen *(Zahnärztekammer Hamburg 1983; ähnlich Riethe 1988 S. 250: "weniger als 0,2% aller Testpatienten")*. Das wären bei ca. 78 Mio. Bewohnern in Deutschland immerhin 78.000 Personen, denen wegen des Quecksilbergehalts im Amalgam keine Füllungen aus diesem Material gelegt werden sollten. *Klaschka / Matzick (1988 S. 52)* errechnen bezogen auf die Einwohner von Berlin (West) 5.000 Ekzem-

Patienten, bei denen gleichzeitig eine Quecksilberallergie vorliegt. 150.000 Ekzem-Patienten in der Bundesrepublik wären demnach davon betroffen. Diese Zahl erhöht sich, wenn man die gleiche Berechnung jeweils bezogen auf Patienten mit weiteren Symptomen der Quecksilberallergie durchführt. Eine positive Testreaktion bei 2% der Probanden stellten *White / Brandt (1976 S. 1205)* bei Studienanfängern vor Studienbeginn fest. *Vimy et al. (1986 S. 1419)* geben unter Berufung auf die North American Contact Dermatitis Group (1973) eine positive Allergietest-Reaktion auf Quecksilber bei annähernd 5% der Bevölkerung Nordamerikas an - eine Quote, die bei uns zu einer Zahl von 3,5 - 3,9 Mio. Betroffenen führen würde.

Bei Allergieuntersuchungen an 1538 Personen fanden *Nebenführer et al. (1984 S. 121)* in den Jahren 1979 - 1982 eine positive Testquote von 9,6%: Es reagierten 148 Personen allein in dieser Studie allergisch auf Quecksilber.

Es erscheint demnach nicht überzeugend, nur von 40 - 50 Kasuistiken in der Weltliteratur zu sprechen und damit das Problem zu bagatellisieren.

Die Therapieerfolge von Ärzten und Zahnärzten, die eine allergisierende Wirkung des Silberamalgams als Ursache für Krankheitssymptome bei ihren diagnostischen Abklärungen mit einbeziehen *(u. a. Gasser 1988 S. 6 - 7; ders. 1976 b S. 50 - 52; ders. 1972 S. 79 - 82; Rost 1976 S. 5 - 7; Strassburg / Schübel 1967 S. 5 - 7; Spreng 1963 b S. 84 - 88)*, sollten Anlaß für weitere Kollegen sein, sich diesen Erkenntnissen nicht länger zu verschließen. Erst recht sind die individuellen allergischen Gegebenheiten bereits bei der Auswahl des Füllungsmaterials mit einzubeziehen *(Ruf 1989 S. 56; Stanford 1986 S. 373; Klaschka / Galandi 1985 S. 364)*, um vermeidbare Belastungen des Patienten wie auch des Zahnarzt-Patienten-Verhältnisses *(vgl. z. B. "Der Allergiker" 1/1988 S. 30)* zu verhindern.

Die allergisierende Wirkung des Amalgams zeigte sich auch bei Untersuchungen von *Djerassi / Berova (1969 S. 481 - 488)* und von *White / Brandt (1976 S. 1204 - 1207)*: Mit zunehmender Dauer des Kontakts mit Amalgam stieg die Zahl der Probanden, die im Quecksilber-Allergietest eine positive Reaktion aufwiesen, auf immerhin bis zu 22,52% - gemessen bei Probanden mit Amalgamfüllungen von mehr als 5 Jahren Liegedauer. Demgegenüber blieb die Quote bei nur 5,8% in der Probandengruppe mit Füllungen von bis zu 5 Jahren Liegedauer *(Djerassi / Berova 1969 S. 484; vgl. auch Riethe 1988 S. 250; Herrmann 1988 S. 196; Brune 1986 S. 173)*.

b) Zahlreiche Aspekte der allergisierenden Wirkung des Quecksilbers in Amalgamfüllungen sind aus schulmedizinischer Sicht noch nicht ausreichend geklärt. Allergologen, die als Referenten über "Allergologische Probleme bei mit Amalgamfüllungen versorgten Patienten" zu einem Amalgamsymposium (25.5.1981) der Kassenzahnärztlichen Bundesvereinigung und des Zahnärztlichen Arzneimittelausschusses des Bundesverbandes der Deutschen Zahnärzte geladen waren (25.5.1981), stellen hierzu fest:

> "Welche Hg-Mengen und -Verbindungen nun aus Amalgamfüllungen tatsächlich freigestzt und allergen wirksam werden können, sei es im Kontaktbereich der Mundschleimhaut, sei es über den Verdauungstrakt, ist eine für die allergologische Praxis und Forschung bislang nicht hinreichend geklärte Frage"

(Klaschka / Matzick 1988 S. 49).

Bereits bei der Allergie-Diagnostik treten Unwägbarkeiten auf, falls sie sich ausschließlich auf den Epikutantest als Untersuchungsverfahren stützt:

So sind z. B. falsch positive und auch falsch negative Testergebnisse bei der Epikutan-Allergietestung - wie auch bei anderen medizinischen Untersuchungsverfahren - nicht ausgeschlossen *(Ruf 1989 S. 56; J. Ring 1988 S. 46; Socialstyrelsens Expertgrupp 1987 S. 37; Möller / Svensson 1986 S. 57; Klötzer 1985 S. 1143; Braun 1985 S. 98; Bandmann / Fregert 1973 S. 29)*. Dies bedeutet, daß trotz negativen Epikutantest-Befundes Amalgamfüllungen Ursache allergischer Reaktionen sein können.

Darüber hinaus bleibt das Erfordernis der Allergenkarenz *(J. Ring 1988 S. 46)* unberücksichtigt, wenn Personen mit Amalgamfüllungen in den Zähnen unter Anwendung des Epikutantests auf eine Quecksilberallergie hin untersucht werden *(Ruf 1989 S. 56)*.

Weiterhin wird in der allergologischen und in der schulzahnmedizinischen Praxis *(z. B. Herrmann 1988 S. 54)* gegenüber den Patienten zu wenig beachtet, daß ein negativer Epikutantest-Befund allein auf Quecksilber eine Amalgamallergie nicht ausschließt, solange die weiteren Legierungsbestandteile (Silber, Kupfer, Zinn und ggf. Zink) nicht in den Test mit einbezogen werden *(Daunderer 1989 S. 10; Veron et al. 1986 S. 92)*.

Schließlich ist der begrenzte Anwendungsbereich des Epikutantests zu berücksichtigen: Allenfalls bei einer Antigen-Antikörper-Reaktion kann er Hinweise auf eine Allergie geben. Zunehmend treten jedoch gegenüber den verschiedensten Stoffen (ebenfalls organisch bedingte) Intoleranzreaktionen auf, denen keine Antigen-Antikörper-Reaktion zugrundeliegt *(Wolff 1985 S. 3554)*. In diesen Fällen, bei denen die Schulmedizin nicht mehr den Begriff "Allergie" verwendet *(Klaschka / Matzick 1988 S. 51; Klaschka 1988 S. 181; Schulz 1988 S. 189)*, sondern von einer "Pseudo-Allergie" spricht *(Ruf 1989 S. 50; vgl. hierzu auch Czech / Kapp 1989 S. 467; Wüthrich 1985 S. 150 - 152)*, ergibt der Epikutantest keinen positiven Befund. Gleichwohl zeigt der Patient auch hier schon allein durch den (wiederholten bzw. fortdauernden) Kontakt mit dem betreffenden Stoff Krankheitssymptome, die denen der immunologischen, d. h. auf einer Antigen-Antikörper-Reaktion beruhenden Sensibilisierung gleichen *(J. Ring 1988 S. 62; Berg et al. 1988 S. C-1765)*.

Ganzheitsmedizinisch orientierte Ärzte und Zahnärzte schließen daher nicht aus, daß trotz eines negativen Epikutantest-Befunds der Kontakt mit Amalgam für manche Patienten krankheitsauslösend sein kann (auch ohne daß es bereits zu einer toxischen Belastung des Organismus mit Amalgambestandteilen - siehe hierzu Näheres unter 3. - gekommen sein muß).
Zur Ermittlung dieser Fälle wenden sie die Elektroakupunktur nach Dr. Voll (EAV) an. Nicht selten ergibt dieses Verfahren einen positiven Befund (d. h. es besteht eine Intoleranzreaktion gegenüber Silberamalgam) auch dann, wenn der Epikutantest negativ ausfällt. Das Entfernen des Amalgams kann auch hier der richtige Weg sein, Krankheitssymptome zu beseitigen *(u. a. Ruf 1989 S. 56)*.

Die Schulmedizin ist sich uneinig darüber, wie sie diese Beobachtungen bewerten soll. Einzelne ihrer Autoren halten es für "unverantwortlich", auf Grund von ärztlichen/zahnärztlichen EAV-Untersuchungen den Rat zu erteilen, das Amalgam entfernen zu lassen *(z. B. Klaschka / Matzick 1988 S. 51)*. Andere Schulmediziner beziehen die EAV-Befunde in ihre therapeutischen Überlegungen ein und können - ebenso wie ganzheitsmedizinisch orientierte Ärzte und Zahnärzte - über Heilungen von vorher jahrelang erfolglos therapierten Symptomen nach Amalgamentfernung berichten *(z. B. Gasser 1984 S. 159 - 161; ders. 1976 b S. 52; ders. 1972 S. 78 - 81)*.

Offen ist darüber hinaus die Frage, in welchem Ausmaß Quecksilber aus Amalgamfüllungen zu Allergien auch gegenüber anderen Stoffen als Quecksilber selbst führen kann, z. B. gegenüber Chemikalien wie Herbiziden, Fungiziden, Kunststoffen, Tabakrauch usw. *(vgl. hierzu bereits Stock 1935 S. 455; Schnitzer S. 215 - 216).*

Eggleston (1984 S. 619) stellte bei seinen Untersuchungen eine signifikante Minderung der T-Lymphozyten nach dem Legen von Amalgamfüllungen fest. Dies läßt auf eine deutliche Schwächung des Immunsystems *(Brune 1986 S. 163; Penzer 1986 S. 23; vgl. auch Descotes 1986 S. 297)* und auf eine allgemeine Erhöhung der Allergiebereitschaft schließen.

Auch von tierexperimentellen Untersuchungen her weiß man, daß Hg-Dosen selbst dann, wenn sie für eine allgemein toxische Wirkung zu gering sind, vorzugsweise auf das Immunsystem wirken *(Ochel et al. 1990 S. 110; bereits auch Trakhtenberg 1974 S. 224).*

c) Die bisherigen Forschungen über Ausmaß und Folgeerkrankungen dieser Amalgamnebenwirkung können keinesfalls als ausreichend bezeichnet werden. "Vom Blickpunkt des Allergologen bedarf es einer weiteren Erforschung der tatsächlichen bzw. nachweisbaren Amalgamnebenwirkungen und einer sachgerechten Aufklärung von Laien und Ärzten" *(Klaschka / Matzick 1988 S. 51).* Trotz mancher Meinungsunterschiede in Einzelfragen sind sich Vertreter beider medizinischer Richtungen (Schulmedizin und ganzheitsmedizinisch orientierte Medizin) einig darin, daß die komplexe Amalgamverbindung wie auch das Quecksilber und die weiteren Legierungskomponenten als Sensibilisierungsfaktoren nicht ausser acht gelassen werden dürfen *(Riethe 1982 S. 71; Djerassi / Berova 1969 S. 486).*

Leider wird an diese allergisierende Wirkung noch zu wenig und zu selten gedacht *(Djerassi 1970 S. 34).*

3. Die toxische Belastung

Es ist heute unbestritten, daß Amalgamfüllungen im Mundhöhlenmilieu korrodieren und dabei zwangsläufig Legierungsbestandteile - insbesondere Quecksilber - freisetzen *(Kröncke 1988 S. 34; Strubelt et al. 1988 S. 645)*.

Als Folge dieser Quecksilberfreisetzung aus Amalgamfüllungen kann es zu einer Belastung des Organismus mit Quecksilber kommen. Dies erkennen heute - im Gegensatz zu früher - auch Vertreter der Schulmedizin und der Schulzahnmedizin an *(z. B. Schiele / Kröncke 1989 S. 1868)*. Wer zu einer objektiven Gesundheitsforschung bereit und über die aktuellen wissenschaftlichen Untersuchungsergebnisse informiert ist, kann diese Fakten nicht mehr bestreiten.

Abweichende Äußerungen höchster Gremien der Schul(zahn)medizin, die diesbezügliche zur Vorsicht ermahnende Aussagen ganzheitsmedizinisch orientierter Zahnmediziner in der Vergangenheit als unglaubwürdig erscheinen lassen wollten, haben sich eindeutig als unzutreffend erwiesen.
Unrichtig sind daher auch Ausführungen in einem gemeinsamen Gutachten der Universitätszahnklinik Münster und der Universitätszahnklinik Mainz ("Gutachten über die Verwendung des Amalgams in der zahnärztlichen Praxis"), das dem Ausschuß für Untersuchungs- und Heilmethoden (Köln) wie auch dessen Aufsichtsbehörde mitteilte: "Daß Quecksilber aus der Amalgamfüllung frei wird, ein Vorgang, der als gefahrvoll für den Patienten angesehen werden könnte, ist nicht zu befürchten" *(Kurzfassung dieses Gutachtens, Zahnärztliche Mitteilungen 1966 S. 316)*. Dr. Dr. Hartlmaier, seinerzeit Schriftleiter der "Zahnärztlichen Mitteilungen", schrieb in der Zeitschrift *"medizin heute" (Heft 3/1975 S. 37)*: "Quecksilber kann bei richtiger Verarbeitung nicht frei werden." Noch im Jahr 1985 bezweifelte *Professor Naujoks* als

Direktor der Universitätszahnklinik Würzburg in einem Gerichtsgutachten *(Landgericht Ulm Az.: 1 O 215/83 - 01, Sachverständigengutachten vom 21.5.1985 S. 14)*, daß überhaupt Amalgambestandteile an die Umgebung abgegeben werden. In seiner mündlichen Befragung am 27.6.1985 sagte er vor dem Gericht aus: "Quecksilberionen aus Amalgamen gibt es mit an Sicherheit grenzender Wahrscheinlichkeit nicht" *(Sitzungsprotokoll S. 9)*. Der Beweiswert, der von den Gerichten und von weiteren Behörden solchen Aussagen beigemessen wurde, war für Patienten wie auch für ganzheitsmedizinisch orientierte Ärzte und Zahnärzte in der Vergangenheit kaum zu entkräften.

Heute sind folgende Fakten erwiesen:

a) "Tatsächlich entsteht durch die Applikation einer Amalgamfüllung eine größere Quecksilberaufnahme seitens des Organismus" *(Motsch 1971 S. 74)*.
So steigt z. B. während der Tage nach dem Legen einer Amalgamfüllung der Quecksilbergehalt im Urin deutlich an. Gemessen wurde bei einer Studie mit 23 Probanden im Zentrum für Rechtsmedizin der Universität Frankfurt durchschnittlich mehr als das 7fache des Ausgangswerts *(Schneider 1976 S. 32 Tab. 7; vgl. auch Riethe 1988 S. 236; Ott et al. 1989 S. 551 präzisieren: Beginn des Quecksilberanstiegs nicht vor Ablauf des ersten Tags nach dem Legen der jeweiligen Füllung)*. Der festgestellte Spitzenwert lag um das 38fache über dem Ausgangswert *(Schneider 1976 S. 34 Tab. 8)*. Die Erhöhung des Quecksilberwerts in den Ausscheidungen bleibt nach dem Legen einer größeren Amalgamfüllung über drei Monate bestehen *(Sauerwein 1985 S. 94; Zemke 1980 S. 52)*. Wer sich etwa im Abstand von drei Monaten zwei solcher Amalgamfüllungen legen läßt, hat allein dadurch ein halbes Jahr lang einen erhöhten Quecksilberwert in den Ausscheidungen.

Während dieser Zeit, so schreibt Professor Motsch in seiner Ausbildungsliteratur für angehende Zahnmediziner, "steigt die tägliche Ausscheidung an Quecksilber bis auf 200 - 300 Gamma an" *(Motsch 1971 S. 74; ebenso Störtebecker 1985 S. 60; Borinski 1931 Sp. 222)*. Weiter stellt Professor Motsch a.a.O. fest: "Nach dem Arbeitsmediziner Prof. Kölsch liegt aber eine Tages-Ausscheidung von 20 Gamma im Kot und Urin bereits nahe dem Wert, der den Verdacht auf eine chronische Quecksilbervergiftung rechtfertigt." Die vom Autor zuvor mitgeteilte Quecksilber-Ausscheidungsmenge nach dem Legen einer größeren Amalgamfüllung liegt demnach während eines Zeitraums von drei Monaten täglich um das 10fache und mehr über diesem "kritischen Wert". Folgerichtig warnt Professor Motsch: "Eine bedenkliche toxische Grenze wird erreicht, wenn gleichzeitig bzw. innerhalb 3 Monaten mehr als 6 große Amalgamfüllungen gelegt werden" *(Motsch 1971 S. 74)*.

Es ist nicht einzusehen, aus welchem Grund diese Fakten nur in der studentischen Ausbildung, nicht jedoch in gerichtlichen Sachverständigengutachten oder in Stellungnahmen zur Sprache kommen sollten, die für die Öffentlichkeit bestimmt sind.

Derart hohe Werte sind von der "normalen Nahrung", die wegen ihres Quecksilbergehalts von einigen amalgambefürwortenden Autoren gelegentlich in die Diskussion gebracht wird (s. u.), nicht bekannt.

b) Weiterhin besteht auch <u>nach</u> dem Aushärten des Silberamalgams eine ständige Quecksilberabgabe aus einer Amalgamfüllung.

Nachgewiesen ist durch Untersuchungen an in- und ausländischen Universitäten, daß der Quecksilbergehalt der Luft in der Mundhöhle *(Vimy / Lorscheider 1985 a S. 1070)* und in der Ausatemluft *(Svare et al. 1981 S. 1669; Gay et al. 1979 S. 985; Ott et al. 1984 S. 201; Fredin 1988 S. 11)* bei Amalgamträgern ein Mehrfaches über dem bei Personen ohne Amalgamfüllungen liegt.

Durch Kauen erhöht sich der Quecksilberdampfgehalt in der Mundhöhle bei Amalgamträgern zusätzlich: in einer Untersuchung an der Universität Calgary von anfänglich 4,9 µg/m^3 nach nur 10minütigem Kauen eines zuckerfreien Kaugummis auf 29,1 µg/m^3. Dies entspricht dem 54fachen des Ausgangswerts bei Nichtamalgamträgern (0,54 µg/m^3), der sich durch das Kauen nicht signifikant veränderte *(Vimy / Lorscheider 1985 a S. 1070)*. Bei Personen mit 12 und mehr Amalgamfüllungen ergeben die festgestellten Quecksilberdämpfe eine tägliche Quecksilberaufnahme in einer Größenordnung von ca. 29 µg *(Vimy / Lorscheider 1985 b S. 1074)*.

In der Ausatemluft erhöhten sich bei einer Studie der Universität Iowa *(Svare et al. 1981 S. 1669 - 1670)* die Quecksilberwerte bei Amalgamträgern nach 10minütigem Kauen von Kaugummi auf durchschnittlich das 15,6fache des Ausgangswerts (von 0,88 µg/m^3 auf 13,74 µg/m^3) mit Spitzenwerten von bis zu 87,5 µg/m^3. Es bestand eine Relation zwischen der Zahl der im Mund vorhandenen Amalgamfüllungen einerseits und der Zunahme des Quecksilbergehalts in der Ausatemluft andererseits. Bei Nichtamalgamträgern erfolgte demgegenüber kein Anstieg des anfänglichen Quecksilbergehalts in der Ausatemluft (0,26 µg/m^3 vor gegenüber 0,13 µg/m^3 nach dem Kauen). Nach Abschluß der 10minütigen Kauperiode lag der durchschnittliche Quecksilbergehalt in der Ausatemluft von Amalgamträgern demnach um mehr als das Hundertfache über dem von Nichtamalgamträgern.

Auf bis zu 400 µg/m^3 belaufen sich die Quecksilberdampfkonzentrationen, die von *Utt (1984 S. 42 u. 44)* in der

Mundhöhle jeweils unmittelbar an einem amalgamgefüllten Zahn nach nur 5minütigem Kaugummikauen festgestellt worden sind (höchster Wert vor der Kauperiode: 3 µg/m³).

Vergleichbare Gegebenheiten finden sich im Speichel. In einer Untersuchung an der Universität Erlangen wiesen Amalgamträger bereits vor dem Kauvorgang mit 4,9 µg/l einen deutlich höheren Quecksilbergehalt auf als Nichtamalgamträger mit 0,3 µg/l (*Ott et al. 1984 S. 201, angegeben sind hier die Medianwerte*). Nach dem Ende einer 10minütigen Kauperiode (Kaugummi) beliefen sich die Quecksilberkonzentrationen auf 12,95 µg/l bei Amalgamträgern gegenüber 0,4 µg/l bei Nichtamalgamträgern. Der Spitzenwert lag nach dem Kauen bei Amalgamträgern mit 193,8 µg/l um mehr als das 120fache über dem bei Nichtamalgamträgern mit 1,5 µg/l (*Ott 1984 S. 201*).

Auch *Daunderer (1990 S. 21)* berichtet über einen Anstieg des Quecksilbergehalts im Speichel auf 190 µg/l nach nur 10minütigem Kaugummikauen bei 9 Amalgamfüllungen.

Der höchstzulässige Quecksilbergehalt im Trinkwasser beträgt 1 µg/l (*Trinkwasserverordnung vom 22.5.1986, BGBl. I S. 760, BGBl. III S. 2126-1-7*). Im Speichel kann demnach als Folge von Amalgam dieser Grenzwert um das 190fache überschritten werden.

Hinzu kommt die ständige Grundbelastung mit Quecksilber im Speichel auch <u>ohne</u> vorheriges Kauen, die bei Amalgamträgern im Gegensatz zu Nichtamalgamträgern den höchstzulässigen Quecksilbergehalt im Trinkwasser gemäß den Untersuchungen von *Ott et al. (1984 S. 201)* überschreitet. Sie liegt, wie die von Ott et al. dokumentierten Werte ergeben, nahezu 5mal so hoch wie der angegebene Grenzwert.

Neben dem Kauen führen u. a. auch heiße Flüssigkeiten (*Fredin 1988 S. 11 - 12; Friberg et al. 1986 S. 519*), saure - im Gegensatz zu basischer - Nahrung (*Brune / Evje*

1985 S. 60; Störtebecker 1985 S. 151; Dérand / Johansson 1983 S. 58) und Zähnebürsten *(Dérand 1989 S. 172 u. 174; Brune 1986 S. 167; Patterson et al. 1985 S. 459 u. 461; Kropp / Haußelt 1983 S. 1030)*, erst recht bei Verwendung einer fluorhaltigen Zahncreme *(Daunderer 1989 S. 7; vgl. auch bereits Marxkors / Piepenstock 1968 S. 196)* zu einem deutlichen Anstieg des Quecksilbergehalts in der Mundhöhle von Amalgamträgern. Bereits bei 80°C kann an der Amalgamoberfläche austretendes Quecksilber beobachtet werden *(Pilz 1980 S. 406)* - eine Feststellung, die angesichts von nahrungsbedingt möglichen Temperaturen in der Mundhöhle von bis zu 90°C zu denken geben sollte.

Quecksilberfreisetzungen aus Amalgamfüllungen können demnach in bedeutendem Ausmaß zur Quecksilberexposition des mit Amalgam behandelten Patienten beitragen *(Camner et al. 1986 S. 86)*.
Aktuelle hierzu an der Universitätszahnklinik Marburg durchgeführte in vitro-Untersuchungen ergaben wiederum Quecksilbermengen, die "um ein mehrfaches größer als die aus anderen in vitro-Untersuchungen bekannten Resultate" waren *(Hellwig et al. 1990 S. 17)*.

Die jahrzehntelang gültige Lehrmeinung - keine Quecksilberfreisetzung aus Amalgamfüllungen - ist spätestens durch diese Forschungsergebnisse widerlegt worden. Die "einheitliche Ausrichtung", die es zu dieser Frage an den zahnärztlichen Universitätskliniken gab *(Kurzfassung eines Gutachtens über die Verwendung des Amalgams in der zahnärztlichen Praxis, Zahnärztliche Mitteilungen 1966 S. 136)*, hat insoweit im Sinne der bereits damaligen Veröffentlichungen ganzheitsmedizinisch orientierter Zahnmediziner wie z. B. Professor Dr. Dr. Rheinwald *(1962 S. 257)*, Professor Dr. Dr. Thielemann *(1954 S. 835 - 837)* und Dr. Kramer *(1967 S. 133 - 134)* revidiert werden müssen.

c) Nachdem die Quecksilberfreisetzung aus Amalgamfüllungen nicht mehr bestritten werden konnte, galt unter Schulzahnmedizinern eine neue These als "wissenschaftlich anerkannt":

Die aus Amalgamfüllungen freigesetzten Quecksilberanteile seien so gering, daß sie die "normalerweise im menschlichen Organismus vorhandenen Quecksilber-Mengen nicht verändern" *(Kröncke 1982 a S. 117)* und die Quecksilber-Bilanz des Menschen nicht belasten könnten *(Kröncke 1981 S. 911)*.

Über Jahre hindurch beriefen sich *Professor Kröncke (1982 b S. 181; 1984 S. 851; 1985 a S. 500; 1985 b S. 650; 1988 S. 35)* wie auch andere Autoren *(u. a. Smetana et al. 1987 S. 267; Ketterl 1986 b S. 56; Forschungsinstitut für die zahnärztliche Versorgung 1982 S. 23)* hierbei auf eine Untersuchung von Professor Kröncke et al. aus dem Jahr 1980, bei der Blut- und Urinanalysen auf Quecksilber - wie die Autoren mitteilen - keine Unterschiede zwischen Amalgamträgern und Nichtamalgamträgern ergeben hatten *(Kröncke et al. 1980 S. 803 - 808)*. Diese Untersuchung, für die Professor Kröncke seinerzeit den "Jahresbestpreis" der führenden wissenschaftlichen Gesellschaft der Schulzahnmedizin, der Deutschen Gesellschaft für Zahn-, Mund- und Kieferheilkunde, erhielt *(Zahnärztliche Mitteilungen 1981 S. 1300)*, sollte heute nicht mehr als Argument in die Diskussion eingeführt werden. Professor Kröncke hat im Jahre 1989 öffentlich eingeräumt, daß seine Schlußfolgerungen unzutreffend waren und daß "abweichend von eigenen früheren Untersuchungen" Amalgam eine Belastung des Organismus mit Quecksilber bewirken kann *(Schiele / Kröncke 1989 S. 1868)*.

Bei seinen Äußerungen in den vorhergehenden Jahren 1980 bis 1988 hatte Professor Kröncke bereits damals vorhandene Erkenntnisse zu der geringen Aussagekraft einer

Blut- und Urinanalyse in Fällen langfristiger Quecksilberexpositionen *(WHO 1976 S. 114; Trakhtenberg 1974 S. 144; Friberg / Vostal 1972 S. 119 - 126, 185; Joselow 1972 S. 122; Osterhaus 1969 S. 117 u. 119; Diesch 1964 S. 49; Baader 1961 S. 173; Uschatz 1952 S. 14)* unbeachtet gelassen. Diese Erkenntnisse besagen, daß auch bei normalem Quecksilbergehalt im Blut und im Urin erhöhte Anreicherungen von Quecksilber als Speichergift in seinen Zielorganen (z. B. Gehirn oder Nieren) möglich sind. Eine Quecksilberbelastung des Organismus, insbesondere der Nieren, kann sogar zu einer Verminderung der Quecksilber-Ausscheidungsfähigkeit und infolgedessen zu einem mißverständlich niedrigen Quecksilbergehalt im Urin führen *(Kupsinel 1984 S. 251; Huggins 1982 S. 10; Baader 1961 S. 173; Uschatz 1952 S. 14 - 15)*. "Die Konzentrationen im Blut und im Urin korrelieren bei den einzelnen Individuen nur sehr schwach mit den verschiedenen klinischen Symptomen und ihrem Ausprägungsgrad; sie erlauben vor allem bei einer chronischen Belastung nur sehr bedingte Rückschlüsse auf das Ausmaß der tatsächlich erfolgten Resorption" *(Ohnesorge 1988 S. 24; ebenso Hanson 1983 S. 197 - 198)*.

Vimy et al. (1986 S. 1418 - 1419) haben die aus der Toxikologie gewonnenen Erkenntnisse zur geringen Aussagekraft von Blut- und Urin-Quecksilber-Konzentrationen im Normalbereich bei der Abschätzung der Gesamtkörper-Belastung mit Quecksilber auch durch theoretische Beweisführung bestätigt gefunden:
Sie gehen dabei aus von den verschiedenen Halbwertszeiten des Quecksilbers einerseits im Blut - 3 Tage *(Cherian et al. 1978 S. 113)* - und andererseits in den Organen - bis zu 18 Jahren im Gehirn *(Sugita 1978 S. 30; Vimy et al. 1986 S. 1417: bis zu 20 Jahren; Ohnesorge 1988 S. 23: 1 - 18 Jahre)*. Unter Einbeziehung dieser unterschiedlichen Halbwertszeiten errechnen sie gemäß der Formel nach *Gerstner und Huff (1977 S. 517 - 523)* für eine kontinu-

ierliche Exposition gegenüber Quecksilber pathologische Hg-_Anreicherungen_ im _Gehirn_ bei gleichbleibend _niedrigen_ _Blut_-Hg-Konzentrationen im Normalbereich. Die gleichen Ergebnisse erbringt die Überprüfung der Aussagekraft von Hg-Analysen des Urins mit einem Befund im Normalbereich *(Vimy et al. 1986 S. 1418)*.

Es muß also deutlich davor gewarnt werden, einen normalen Quecksilberwert im Blut und im Urin i. d. R. als Gegenbeweis für eine Quecksilberbelastung in den Organen und daher gleichzeitig als Gegenbeweis für eine Amalgamschädigung anzusehen. Auch wenn die empfindlichsten Analysemethoden bei einer Blut- und Urinuntersuchung auf Quecksilber eingesetzt werden, ändert dies nichts an der geringen Aussagekraft von Normalwerten in dem untersuchten Probenmaterial im Hinblick auf die - toxikologisch relevante - _Organspeicherung_ von Quecksilber z. B. im Gehirn und in den Nieren.

Diese Fakten aus dem Bereich der Toxikologie haben nun auch Eingang in die schulzahnmedizinische Lehrmeinung zur Amalgamfrage gefunden. "Quecksilber-Analysenmethoden wie z. B. im Urin oder auch im Blut sind nicht geeignet, um daraus irgendwelche Rückschlüsse auf eine eventuelle Quecksilberintoxikation zu ziehen oder gar über die Schwere einer solchen aussagekräftig zu sein" *(Mayer 1988 S. 119)*.
Anlaß hierfür waren Studien im Ausland und auch im Inland, die eindeutig erhöhte Quecksilbereinlagerungen im Organismus von Amalgamträgern beweisen.

So fand Professor Friberg vom Karolinska Institut Stockholm erhöhte Quecksilberanreicherungen im Gehirn verstorbener Amalgamträger. Bereits *Rauen (1964 S. 402)* und *Reis (1960 S. 380 - 381)* hatten auf einen erhöhten Quecksilbergehalt im Gehirn *(Rauen)* und in weiteren Organen *(Reis m. w. N.)* bei Trägern von Amalgamfüllungen hingewiesen. Die Menge des nun in der schwedischen Studie im Gehirn vorgefundenen Quecksilbers stand jeweils in Relation zur Zahl der Amalgamfüllungen in der Mundhöhle. Es handelte sich zu 77% um anorganisches Quecksilber. Dies spricht für eine vorhergehende Exposition gegenüber Quecksilberdampf, wie er aus Amalgamfüllungen freigesetzt wird *(zum ganzen: Friberg et al. 1986 S. 520 - 522)*.

Deutsche Forschungen unter Professor Schiele, Universität Erlangen, bestätigten die Quecksilberbelastungen im Gehirn von (verstorbenen) Amalgamträgern. Auch die Nieren als weiteres Quecksilber-Speicherorgan wurden untersucht und erwiesen sich ebenfalls als durch Quecksilber belastet. Hierbei ergab die korrelationsanalytische Auswertung "auffällige Zusammenhänge ($p < 0{,}05 - 0{,}001$) zwischen der Zahl und den bewerteten Flächen der Füllungen einerseits und den Quecksilberkonzentrationen von Gehirn und Nieren andererseits" *(Schiele 1984 S. 2)*. Später führte Professor Schiele aus: "Die Untersuchungen sprechen dafür, daß Amalgam-Füllungen zu einer höheren Hg-Belastung der Zielorgane einer chronischen Hg-Vergiftung führen, als bisher vermutet wurde" *(Schiele 1988 S. 131)*. Weitere Studien in Schweden zeigten erneut eine Korrelation zwischen Quecksilberanreicherungen im Gehirn und der Zahl der im Mund vorhandenen Amalgamfüllungen *(Eggleston / Nylander 1987 S. 706; Nylander et al. 1987 S. 184)*. Darüber hinaus war die gleiche Abhängigkeit wie bei den Untersuchungen Professor Schieles auch zwischen dem Quecksilbergehalt in den Nieren und der Anzahl der Amalgamoberflächen festzustellen *(Nylander et al. 1987 S. 185)*.

Amalgambedingte Quecksilberanreicherungen zeigten sich außerdem im Kieferknochen *(Strubelt et al. 1988 S. 645; Till / Maly 1978 S. 1053 - 1056)*, im Zahnfleischgewebe *(Fredén et al. 1974 S. 208; vgl. auch Geis-Gerstorfer /*

Sauer 1986 S. 1266: in dem "die ganze Palette der Legierungsbestandteile gefunden werden kann."), in den Zahnwurzeln *(Brune 1986 S. 166; Hanson 1983 S. 195; Till / Maly 1978 S. 1053 - 1056),* im Schmelz *(Brune 1986 S. 166; Söremark et al. 1968 S. 535, 537 - 538)* und im Dentin *(Rossiwall / Newesely 1977 S. 51 - 52; Mocke 1971 S. 663 - 664; Söremark et al. 1968 S. 535, 537 - 538)* amalgamgefüllter Zähne.

Die Pulpa mit Amalgam behandelter Zähne enthält 35mal (Medianwert) so viel Quecksilber wie die von amalgamfreien Zähnen *(Schiele et al. 1987 a S. 888; hierzu von Treuenfels 1988 S. 3; zur Quecksilberanreicherung in der Pulpa auch bereits Thommen 1972 S. 35 - 36).*

Im Gegensatz zu den Untersuchungen *Professor Krönckes (1980 S. 803 - 808, s. o.)* weisen neuere Studien einen erhöhten Quecksilbergehalt auch im Blut *(Abraham et al. 1984 S. 72; Gasser 1984 S. 154; Kuntz et al. 1982 S. 442)* und im Urin *(Nilsson / Nilsson 1986 S. 229; Langworth et al. 1988 S. 69; Olstad et al. 1987 S. 1179)* von Amalgamträgern nach. Es wird z. T. dort *(Abraham, Nilsson / Nilsson, Olstad)* wie auch bei *Till (1981 S. 1837 - 1838)* auf mögliche Fehlerquellen bei den Untersuchungen Professor Krönckes hingewiesen.

Die Quecksilberkonzentrationen im Blut und Urin steigen an, je mehr Amalgamfüllungsoberflächen sich im Mund befinden *(Forth 1990 S. C-303; Beratungskommission Toxikologie 1990 S. 492; Halbach 1989 S. 2335; Nylander et al. 1989 S. 236).*

Die Thesen der wissenschaftlichen Schulzahnmedizin, die Verwendung von Amalgam führe nicht zu einer Quecksilberfreisetzung aus den Füllungen und - später - die Quecksilberfreisetzung aus Amalgamfüllungen verursache keine Quecksilberbelastung des menschlichen Organismus, haben sich nicht aufrechterhalten lassen. Sie sind von ihr selbst inzwischen als unzutreffend zurückgezogen worden. Wenn in der Vergangenheit die Belastung eines Teils der Bevölkerung durch Quecksilber aus Amalgamfüllungen meist vernachlässigt worden ist *(in diesem Sinne Müller / Ohnsorge 1987 S. 244)*, so hat dies seine Ursache nicht zuletzt in einer Mehrzahl von Fehlinformationen, mit denen seitens einiger Autoren der Schulzahnmedizin zur Frage der Nebenwirkung bei der Versorgung kariöser Zähne mit Amalgam Stellung genommen worden ist.

d) Bis heute hat sich an der Abschätzung von Amalgamrisiken auf Seiten der Schul(zahn)medizin letztlich dennoch nichts geändert.

   aa) Nach der Korrektur eigener früherer Ansichten wird nun - wiederum als gesicherte Erkenntnis - behauptet, die festgestellten amalgambedingten Quecksilberbelastungen seien "weit entfernt von der Größenordnung, die toxikologisch bedenklich wäre" *(Schiele / Kröncke 1989 S. 1868)*. Es wird der Eindruck vermittelt *(z. B. auch von Schiele 1989 S. 51)*, Amalgam könne daher weiterhin unbedenklich und ohne das Risiko irgendwelcher toxisch bedingter gesundheitlicher Störungen beim Patienten verwendet werden. Eine Aufklärung des Patienten über das Risiko einer Quecksilberbelastung als Folge der Anwendung des Arzneimittels Amalgam findet auch derzeit nicht statt. Das Bundesgesundheitsamt und die Gesundheitsbehörden der Bundesländer wie auch die Bundeszahnärztekammer sehen diesem Unterlassen nahezu untätig zu.

   Wer als Patient Bedenken gegen Amalgam äußert, läuft Gefahr, als "Sektierer" *(Kröncke 1985 a S. 500)* abqualifiziert zu werden, der an einer "Phobie" gegen Amalgam *(Knolle 1987 S. 2812)* leide. Gleichzeitig droht ganzheitsmedizinisch orientierten, insbesondere (Kassen-) Zahnärzten, die diese Bedenken teilen, von den Krankenkassen und von den Kassenzahnärztlichen Vereinigungen der berufsrechtlich bereits nachteilige Hinweis, "daß auch in Gesprächen mit Kassenpatienten negative Äußerungen über Amalgam als Füllungsmaterial zu unterlassen sind" (Schreiben einer AOK an eine Kassenzahnärztliche Vereinigung vom 25.6.1987). Die sachliche Kritik eines Zahnarztes am Amalgam ist von seiten der zahnärztlichen Standesvertretungen neuerdings sogar bewertet worden als "ein versteckter Versuch der Eigenwerbung durch Hinweis darauf, daß andere Kollegen schlecht arbeiten" (so wörtlich ein Zahnärztlicher Bezirksverband im Schreiben vom 20.9.1989 an einen Zahnarzt, der sich kritisch zu Amalgam als Füllungsmaterial geäußert hatte). Für den betroffenen Zahnarzt kann dies ein berufsgerichtliches Verfahren wegen Verstoßes gegen das standesrechtliche Werbeverbot nach sich ziehen.

Besteht trotz dieses Verbots negativer Äußerungen über Amalgam als Füllungsmaterial Anlaß für verantwortungsbewußte Ärzte und Zahnärzte, auf mögliche gesundheitliche Auswirkungen amalgambedingter Quecksilberfreisetzungen und -anreicherungen im Organismus hinzuweisen? Wie vertrauenswürdig sind Unbedenklichkeitserklärungen zum Quecksilber im Amalgam, deren Infragestellung z. T. mit berufsrechtlichen Sanktionen geahndet wird?

Zahlreiche quecksilberhaltige Arzneimittel sind im Verlauf der zurückliegenden Jahre vom therapeutischen Einsatz am Patienten ausgeschlossen worden. Zu deutlich war die Gefahr gesundheitlicher Schädigungen. Erfaßt von dieser Entwicklung waren nicht nur Medikamente, bei denen Quecksilber - wie bei Amalgam - auf direktem Weg durch den Mund dem Organismus zugeführt wurde. Zurückgezogen wurden vielmehr auch Salben, die lediglich auf der Haut, d. h. äußerlich, aufgetragen worden waren. Es verwundert daher zunächst, daß nachgewiesene Quecksilberbelastungen im Organismus dann toxikologisch unbedenklich sein sollen, wenn das Quecksilber aus Amalgamfüllungen herrührt.

Auch im Hinblick auf die Abwasserbelastung waren von führender zahnärztlicher Seite jahrzehntelang keine Bedenken gegen Quecksilber aus Amalgam gesehen worden. Dennoch gilt seit dem 1.1.1990 die sog. Amalgam-Abscheideverordnung (50. Abwasser-Verwaltungsvorschrift), die wegen der Giftwirkung des Quecksilbers im Amalgam von jedem Zahnarzt besondere Vorkehrungen bei der Amalgamentsorgung verlangt. Das zuständige Bundesministerium für Umwelt, Naturschutz und Reaktorsicherheit sah demnach Veranlassung, Aussagen

> aus dem Kreis der Universitätsprofessoren für Zahnheilkunde, die Abwasserbelastung durch Quecksilber aus Amalgamfüllungen sei "minimal" *(Priefer 1984 S. 329)*,

und

> der Bundeszahnärztekammer, trotz seines 50%igen Quecksilberanteils sei Amalgam ein "wirkungsneutraler Stoff" und es sei "durch nichts wissenschaftlich belegt, daß durch Zahnarztpraxen überhaupt eine Belastung des Abwassers durch Quecksilber entsteht" *(Bundeszahnärztekammer 1987 S. 2435)*,

keinen Glauben zu schenken. Forschungsergebnisse wie

"Die aus den Zahnarztpraxen als Indirekteinleiter emittierten Quecksilbermengen überschreiten somit den zulässigen Einleitungsgrenzwert" *(Hessische Landesanstalt für Umwelt 1986 S. 10)*

oder

"Die tatsächliche Emission dürfte bei etwa 20 t/a liegen. Dies ist eine unakzeptabel hohe Fracht. ... Danach ist der Bereich der Zahnmedizin heute der mit Abstand größte Einleiter von Quecksilber" *(Bosse 1988 S. 57)*

widerlegten offensichtlich auch nach Ansicht des zuständigen Ministeriums die gegenteiligen Veröffentlichungen des zitierten Professors für Zahnheilkunde und der Bundeszahnärztekammer.

Sorge über einen zu bedenkenlosen Umgang mit Quecksilber im Amalgam äußert auch der Quecksilber-Experte des Rheinisch-Westfälischen TÜV Slaby. In seiner Beurteilung der "Richtlinien zur Verarbeitung von Quecksilber in der Zahnarztpraxis", die vom *Ausschuß für zahnärztliche Berufsausübung (1988 S. 1037)* herausgegeben worden sind, stellt *Slaby (1988 S. 21)* fest:

"Diese Richtlinien lassen jegliches Verantwortungsbewußtsein vermissen. ... Er" (der Ausschuß) "nimmt Bezug auf zum Teil sehr alte Veröffentlichungen, und dieses auch nur auf die Teile, die, wenn sie aus dem Zusammenhang gerissen werden, dazu dienen, die möglichen gesundheitlichen Gefahren beim Umgang mit Quecksilber in Zahnarztpraxen auf ein nahezu unerträgliches Maß zu bagatellisieren."

Es erscheint demnach trotz aller berufsrechtlichen Maßregelungen berechtigt, nach den Beweisen zu fragen, die maßgebliche zahnärztliche Autoren ihrer These von einer generellen toxikologischen Unbedenklichkeit amalgambedingter Quecksilberanreicherungen im menschlichen Organismus zugrundelegen.

bb) Ein wissenschaftlicher Beweis dafür, daß Amalgam als Füllungsmaterial (toxikologisch) unschädlich ist, existiert nicht. Dies erklärte *Professor Kröncke (1988 S. 111)* auf dem zweiten Amalgamsymposium am 12.3.1984 in Köln. Vorausgegangen war die von einem der ganzheitsmedizinisch orientierten Referenten *(Kramer 1988 S. 109)* dort ausgesprochene Aufforderung, die von schulzahnmedizinischer Seite *(z. B. Kröncke 1985 a S. 500)* immer wieder behaupteten "Beweise" für eine toxikologische Unbedenklichkeit des Amalgams vorzulegen.
Ähnlich äußerte sich *Professor Naujoks* am 27.6.1985 als Sachverständiger vor dem Landgericht Ulm *(Az. 1 O 215/83 - 01, Sitzungsprotokoll S. 5)*: "Der Beweis der Ungefährlichkeit ist aus toxikologischer Sicht nicht führbar."

Aussagen über eine Unbedenklichkeit der Quecksilberfreisetzung aus Amalgamfüllungen können demnach auch aus schulzahnmedizinischer Sicht allenfalls auf einer Suche nach denkbaren Schädigungsmöglichkeiten beruhen, von denen jede geprüft und von denen keine als tatsächlich - auch nicht in Einzelfällen - schädigend verifiziert (d. h. als schädigend erkannt) worden ist *(in diesem Sinne wohl auch Kröncke 1988 S. 111)*.
Sobald denkbare Schädigungsmöglichkeiten ungeprüft bzw. ungesichert bleiben oder sich gar bei wissenschaftlicher Prüfung als - in einem Teil der Fälle - tatsächlich schädigend erweisen, ist nach der auch

von der Schulzahnmedizin gesetzten Prämisse die von ihr aufgestellte Behauptung der toxikologischen Unbedenklichkeit amalgambedingter Quecksilberfreisetzungen hinfällig.

cc) Anhand der folgenden Kriterien meint die schul(zahn)-medizinische Lehrauffassung, jede toxische Schädigungsmöglichkeit bei der Verwendung von Amalgam ausschließen zu können. Es sind dies:

> (1) die Beobachtung, daß es Personen gibt, die trotz einer dem Amalgam entsprechenden Quecksilberexposition bzw. trotz einer höheren Quecksilberanreicherung (z. B. im Gehirn) keine Krankheitssymptome aufweisen,
>
> (2) die Überlegung, daß auch mit der Nahrung Quecksilberspuren aufgenommen werden, und
>
> (3) die Ansicht, bisher sei in keinem Fall eine toxisch bedingte Erkrankung als Folge von Quecksilber aus Amalgam wissenschaftlich nachgewiesen.

Eine solche Argumentation bedarf der wissenschaftlichen Überprüfung.

ad 1: (a)

Ist man bereit, zunächst unabhängig von den Auswirkungen auf die Amalgamfrage die in den Bereichen Toxikologie und Arbeitsmedizin vorhandenen Erkenntnisse über die möglichen Folgen einer langfristigen ständigen Zufuhr von Quecksilberdampf bzw. Quecksilberionen zur Kenntnis zu nehmen, so gilt:

- Quecksilber gehört zu den toxischen Schwermetallen. Es ist kein essentielles Spurenelement *(Adam et al. 1980 S. 661)*, sondern ein Gift.

- "Wir müssen bereits vor den allerkleinsten Mengen, die auf lange Dauer auf den Menschen wirken, größten Respekt haben" *(Baader / Holstein, zit. b. Mayer 1980 S. 456)*.

- "Die chronische Form der Erkrankung entsteht in der Regel durch langzeitige Aufnahme kleinster Quecksilbermengen" *(Lehnert 1985 S. 22)*.

- "Auf der anderen Seite kann eine dauernde Zufuhr von kleinen, als Einzelgaben unwirksamen Giftdosen schließlich zu einer Vergiftung führen, obwohl keine Giftkumulation vorliegt, sondern eine Summation der Effekte der Einzeldosen" *(Wirth / Gloxhuber 1985 S. 9)*.

- "Mit der wiederholten und während längerer Zeit erfolgenden Resorption kleiner Quecksilbermengen kommt es zu einer chronischen Vergiftung des Organismus: Neben Stomatitiden, Zahnlockerungen, Abmagerung und Anämie treten

neuro-vegetative Störungen wie Tremor der Hände, Schlaflosigkeit, Reizbarkeit und Schreckhaftigkeit auf.
Selbst kleinste Quecksilbermengen, die über eine längere Zeitspanne hinweg ständig aufgenommen werden, können bei anfälligen Personen die verschiedenartigsten Allgemeinbeschwerden auslösen; Kopfschmerzen, chronische Müdigkeit, gesteigertes Schlafbedürfnis, Appetitlosigkeit, Gleichgültigkeit, Unentschlossenheit, Gedächtnisschwäche sind nur einige von ihnen. Häufig werden diese Erscheinungen nicht in Zusammenhang mit der Ursache gebracht" *(Gasser 1976 b S. 47)*.

Grundsätzlich ist damit die Gefahr aufgezeigt, daß es bei einer langfristigen Exposition gegenüber - auch geringen Dosen - Quecksilberdampf zu einer toxischen Schädigung kommen kann.

Dieses Risiko kann sich im individuellen Einzelfall auch dann als Schädigung manifestieren, wenn eine große Zahl anderer vergleichbar Exponierter keine Schädigung erleidet. Gerade bei einer langfristigen Exposition gegenüber Quecksilberdampf ist eine enorme Variationsbreite bei der Reaktion der Betroffenen erwiesen. Dies betrifft bereits die Frage, inwieweit durch eine niedrige, aber langfristige Exposition Anreicherungen von Quecksilber in den Zielorganen dieses Gifts bei den einzelnen Personen verursacht werden können *(Friberg / Vostal 1972 S. 125)*.
Dies betrifft zusätzlich den Gesichtspunkt, inwieweit sich in diesen Fällen das Ausmaß einer

erfolgten Exposition und einer Depotbildung im Organismus durch den Quecksilbergehalt im Blut (*Zampollo 1987 S. 252; Berlin 1986 S. 402; Trakhtenberg 1974 S. 123; Friberg / Vostal 1972 S. 120, 124 - 126; Joselow 1972 S. 122*) und im Urin (*Ohnesorge 1988 S. 24; Vimy et al. 1986 S. 1418; Berlin 1986 S. 402; Ott 1984 S. 204; Umweltbundesamt 1980 S. 59*) nachweisen läßt. Von der großen Bandbreite möglicher individueller Reaktionen ist schließlich auch erfaßt, ob Krankheitssymptome bei einer bestimmten Exposition, bei einer bestimmten Quecksilberanreicherung im Organismus oder auch ab einem bestimmten Quecksilberwert im Blut oder im Urin auftreten (*Berlin 1986 S. 404; Trakhtenberg 1974 S. 123 u. 144; Friberg / Vostal 1972 S. 120 - 121, 125 - 126*).

"Trotz scheinbar gleicher Aufnahmebedingungen des Gifts überrascht die Verschiedenartigkeit der Reaktionsformen" (*Weichardt 1988 S. 226 - 227; vgl. auch Socialstyrelsens Expertgrupp 1987 S. 31; McNeil et al. 1984 S. 270; Baader 1961 S. 165*).

Auf Grund dieser Erkenntnisse aus dem Bereich der Toxikologie lassen sich unter einer großen Zahl vergleichbar exponierter Personen Krankheitsfälle nicht bereits deshalb ausschließen, weil ein vergleichsweise minimaler Anteil aus dieser Gruppe untersucht worden ist und keine expositionsverursachten Symptome aufwies. Mit anderen Worten: Es entspricht geradezu toxikologischem Erfahrungswissen, daß im Falle langfristiger Quecksilber(dampf)expositionen bei einem Teil der Betroffenen Krankheitssymptome möglich sind, während der andere Teil bei gleicher oder höherer Exposition (bzw. Hg-Anreicherung) noch keine Symptome zeigt *(vgl. Friberg / Vostal 1972 S. 120 - 121).*

Erst wenn bei einer jahrelangen permanenten Quecksilberdampf- und Quecksilberionenexposition Grenzwerte im Hinblick auf die

1. Expositionsstärke
und 2. dadurch verursachte Quecksilberanreicherungen in den durch Amalgam belasteten Körperregionen

bekannt wären, unterhalb derer Krankheitssymptome mit allgemeingültiger Sicherheit auszuschließen sind, ließe sich bei Unterschreiten dieser Grenzwerte die These von einer völligen toxikologischen Unbedenklichkeit der Amalgamanwendung durch einen Vergleich mit anderen Exponierten begründen. Solche Grenzwerte sind jedoch nicht erwiesen. Dies zeigen uns die Erkenntnisse der Toxikologie *(vgl. WHO 1976 S. 115; Friberg et al. 1986 S. 521; Friberg 1986 S. 289; Friberg / Vostal 1972 S. 115 u. 185; vgl. auch Brekelmans 1986 S. 10; Eggleston / Nylander 1987 S. 705 u. 706; Socialstyrelsens Expertgrupp 1987 S. 35 u. 37).*

Die These von der generellen toxikologischen Unbedenklichkeit des Amalgams gründet sich daher insoweit lediglich auf Hoffnungen und Vermutungen, die von einer vergleichsweise verschwindend geringen Zahl untersuchter Probanden ausgehen und keinesfalls allgemeingültige Aussagen für Millionen potentiell Betroffener zulassen.

Besonders anzuzweifeln sind verallgemeinernde Aussagen auf Grund von Untersuchungen, bei denen von vornherein nur eine speziell ausgewählte Probandengruppe zur Teilnahme zugelassen wurde. Z. B. *Smetana et al. (1985 S. 233)* erklären zu Beginn ihrer Studie über Amalgamrisiken: "Probanden mit medikamentöser Behandlung waren für die Studie ausgeschlossen worden." Es verwundert nicht, daß nach einer solchen Selektion auch am Ende der Studie nur unauffällige klinische Befunde bei diesen Probanden zu vermelden waren *(Smetana et al. 1985 S. 234)* bzw. die klinischen Untersuchungsergebnisse "im wesentlichen keine Auffälligkeiten" erbrachten *(Smetana et al. 1986 S. 587)*.

Der wissenschaftliche Wert solcher Untersuchungen ist daher recht begrenzt: Er beschränkt sich insoweit auf die Aussage, daß es symptomfreie Amalgamträger gibt und daß für die betreffende Studie eine vergleichsweise kleine Zahl - 57 im Fall von *Smetana (1986)* - von ihnen nach Selektion gefunden worden ist. Diese Aussage wird von niemandem bezweifelt. Jedoch zur Klärung der Frage, ob unter <u>erkrankten</u> Amalgamträgern zumindest einige sind, bei denen eine jahrelange amalgambedingte Quecksilberexposition Hauptursache der Krankheitssymptome ist, tragen Veröffentlichungen wie die von Smetana et al. so gut wie nichts bei.

Insbesondere warnen uns die aufgezeigten toxikologischen Erkenntnisse davor, wegen einer verhältnismäßig minimalen Probandenzahl von - nach Selektion - symptomfreien Amalgamträgern (oder auf andere Weise Quecksilberexponierten) auszuschließen, daß unter Millionen Amalgamträgern mit einer vergleichbaren Quecksilberexposition nicht zumindest bei einigen diese permanente Giftzufuhr Ursache für Krankheitssymptome sein kann.

(b)

Auch aus einem weiteren Grund sind Rückschlüsse aus den Quecksilberanreicherungen bei symptomfreien anderweitig Quecksilberexponierten auf Amalgamträger fragwürdig. Es werden hierbei Quecksilberbelastungen jeweils nur in einem ganz begrenzten Körperbereich verglichen, z. B. in bestimmten Teilen des Gehirns oder der Nieren. Erste Voraussetzung für einen beweiskräftigen Vergleich, mit dem sich amalgamtoxische Wirkungen ausschließen ließen, wäre jedoch, daß die jeweilige Gesamt-Hg-Belastung der Probanden gegenübergestellt würde. Denn selbst wenn in den untersuchten Teilen des Gehirns übereinstimmende Quecksilberanreicherungen vorliegen, schließt dies nicht aus, daß Amalgamträger in anderen Gehirnbereichen (hierzu Friberg et al. 1986 S. 522) oder in anderen Körpergeweben höhere Quecksilberwerte aufweisen als die symptomfreie anderweitig quecksilberexponierte Vergleichsgruppe. Und ob solche erhöhten Quecksilberanreicherungen außerhalb der jeweils verglichenen Organproben nicht ihrerseits Anlaß zu gesundheitlichen Beeinträchtigungen sein können, bedarf der Klärung, bevor toxische Auswirkungen amalgambedingter Quecksilberanreicherungen im Organismus generell ausgeschlossen werden.

Ein geeignetes Beispiel sind die amalgambedingten Quecksilberanreicherungen in Zahnfleisch, Kieferknochen und u. a. in der - über die Blutbahn mit dem gesamten Organismus in Verbindung stehenden *(Ketterl 1984 S. 1982)* - Zahnpulpa (s. o.). Es ist unwissenschaftlich, gesundheitliche Auswirkungen dieser gegenüber anderweitig Quecksilberexponierten mit Sicherheit zusätzlichen Quecksilberkontamination mit der Begründung auszuschließen, in Teilbereichen des Gehirns sei nicht mehr Quecksilber festgestellt worden als bei einer symptomfreien anderweitig quecksilberexponierten Vergleichsgruppe. Vielmehr sprechen verschiedene Untersuchungen dafür, daß Korrosionsprodukte des Amalgams zu örtlichen Zellschädigungen im Zahnfleischgewebe, insbesondere zu akuten und chronischen Entzündungen *(Goldschmidt et al. 1976 S. 114)* oder zu irreversiblen Schädigungen des Membranwiderstands *(Bingmann / Tetsch 1987 S. 734 u. 736 - 737)* führen können. *Störtebecker (1985 S. 44 - 48)* beschreibt darüber hinaus zusätzlich mögliche Risiken durch einen Weitertransport von Quecksilber aus der Zahnpulpa usw. in weitere Bereiche des Organismus über die Nervenbahnen. Solche Auswirkungen lassen sich nicht hinwegdiskutieren mit dem Hinweis, in bestimmten Gehirnteilen wiesen Amalgamträger keinen höheren Quecksilbergehalt auf als anderweitig Hg-exponierte symptomfreie Vergleichspersonen.

Zusammenfassend hierzu ist festzuhalten:
Es mag Studien geben, in denen jeweils einige Probanden mit höheren Quecksilberexpositionen bzw. -Anreicherungen in den analysierten Teilen des Organismus keine Symptome aufwiesen. Daraus

zu folgern, Symptome durch amalgambedingte Quecksilberanreicherungen seien bei Millionen von Amalgamträgern ausgeschlossen, ist unter Einbeziehung toxikologischer Erkenntnisse über die individuell unterschiedliche Toleranzbreite gegenüber jahrelangen Quecksilberdampf- bzw. Quecksilberionenexpositionen und dadurch verursachten Quecksilberanreicherungen im Organismus wissenschaftlich nicht haltbar.

(c)

Überwiegend tendiert die Lehrmeinung dazu, nach Gesichtspunkten zu suchen, die für eine toxikologische Unbedenklichkeit des Amalgams sprechen. Bei einer solchen Haltung gegenüber der Amalgamproblematik ist verständlicherweise jede Studie mit symptomfreien Amalgamträgern oder mit symptomfreien anderweitig vergleichbar Quecksilberexponierten ein Anlaß zur medienwirksamen Verbreitung der eigenen Auffassung.

Wer jedoch eine tendenzfreie Haltung zur Amalgamproblematik einnimmt, fragt mit der gleichen Aufmerksamkeit auch nach Gesichtspunkten, die für eine toxikologische <u>Bedenklichkeit</u> des Amalgams sprechen. Auch hierbei ist der Erkenntnisstand der Toxikologie heranzuziehen.

Es gibt Schwellenwerte, die bei langfristigen Quecksilberexpositionen angeben, ab welchen Quecksilbermengen in der eingeatmeten Luft das Risiko gesundheitlicher Auswirkungen nachweislich gegeben ist (unterhalb dieser Schwellenwerte sind gesundheitliche Auswirkungen nicht ausgeschlossen). Für den Symptomenkomplex des Mikromerkurialismus wird dieser Wert mit 10 µg Hg/m^3 Luft bei Zugrundelegung einer beruflichen Exposition angegeben *(Berlin 1986 S. 388; Trakhtenberg 1974 S. 118)*. Er bezieht sich also auf eine Exposition, die begrenzt ist auf acht Stunden pro Tag an fünf Wochentagen (also auf 40 Stunden pro Woche). Es entspricht demnach gesichertem Wissen, daß bei Überschreiten dieses Grenzwerts im Hinblick auf die Hg-Dampf-Konzentration und/oder im Hinblick auf die Expositionsdauer die (unspezifischen) Symptome des Mikromerkurialismus auftreten können: u. a. Schwächegefühl, Müdigkeit, Denklähmung, Unruhe, Zittern, unvermitteltes Schwitzen, nervöse Störungen, Appetitlosigkeit, Gewichtsabnahme sowie rezidivierende (d. h. in zeitlichen Abständen wiederkehrende) Entzündungen der Schleimhäute subakuter und chronischer Art (Zahnfleischentzündung, Mundschleimhautgeschwüre) bis zu akuten Entzündungen der Magen-Darm-Schleimhäute mit Durchfällen, Koliken, Brechreiz *(Halbach 1990 S. C-299; Henschler 1989 S. 6 - 7)*.

Kann dieser Grenzwert von 10 µg Hg/m^3 Luft durch Amalgamfüllungen überschritten werden, so ist nicht einzusehen, aus welchem Grund die aus der Toxikologie bekannten Folgen nicht auch bei Amalgamträgern berücksichtigt werden sollten.

Knappwost et al. (1985 S. 139, vgl. auch Knappwost 1988 S. 147 - 148) fanden bei experimentellen Untersuchungen im Institut für Physikalische Chemie der Universität Hamburg an ausgehärtetem Amalgam eine Hg-Abgabe von 3,3 µg

Hg/m³ pro 50 mm² Füllungsoberfläche im ungünstigsten Fall. Eine Füllungsoberfläche von 50 mm² wurde bei Untersuchungen von *Mayer / Gantner (1980 S. 1073)* bereits von <u>einer</u> zweiflächigen Füllung im 6-Jahr-Molar (Backenzahn) des Oberkiefers überschritten. Sind alle Sechs-Jahr-Molaren mehrflächig gefüllt, summiert sich die Amalgamoberfläche auf 365 mm² als Mittelwert *(Mayer / Gantner 1980 S. 374)*. Dem entspricht eine amalgambedingte Quecksilberexposition gemäß den Untersuchungen von Knappwost et al. von über 23 μg Hg/m³. Besteht ein metallischer Kontakt zwischen einer Amalgamfüllung und einer Goldeinlage, verzehnfacht sich jeweils die von *Knappwost et al. (1985 S. 139)* festgestellte Quecksilber-Dampf-Konzentration. Diesen Meßergebnissen steht gegenüber der Schwellenwert von 10 μg Hg/m³ für die Symptome des Mikromerkurialismus.

Störtebecker (1985 S. 147) hält die von Knappwost et al. berichteten Meßergebnisse für gravierend. Er bedauert die seiner Ansicht nach verharmlosende Beurteilung dieser Werte durch die Autoren.

Die experimentell an Amalgamproben im Labor (in vitro) gemessenen Ergebnisse werden bestätigt und in ihrer Tendenz bestärkt durch Untersuchungen von Amalgamträgern (in vivo).
Es wurden hierbei schon allein durch das

> Zähnebürsten mit Werten bis zu 62 μg/m³ *(Patterson et al. 1985 S. 461)*,

Kauen von Kaugummi mit Werten bis zu 48 µg/m³ *(Gay et al. 1979 S. 985)*, bis zu 87,5 µg/m³ *(Svare et al. 1981 S. 1669 - 1670)* bzw. bis zu 400 µg/m³ *(Utt 1984 S. 42 u. 44)* oder

Trinken einer heißen Flüssigkeit mit Werten bis zu 45 µg/m³ *(Fredin 1988 S. 10)*

amalgambedingte Quecksilberdampfkonzentrationen verursacht, die um ein Vielfaches über dem Schwellenwert von 10 µg/m³ liegen.

Diese Quecksilberwerte entstehen spontan bzw. binnen weniger Minuten. Sie halten sich während der Vorgänge, die den Quecksilberaustritt aus der Amalgamoberfläche stimulieren, ab einem bestimmten Niveau gleichbleibend hoch *(Vimy / Lorscheider 1985 b S. 1073 bezogen auf das Kauen; ebenso Ott 1986 S. 971)*.
Auch nach dem Ende der Stimulation bleibt die Quecksilberkonzentration noch eine längere Zeit erhöht. Bei der Untersuchung von *Patterson et al. (1985 S. 461)* lag sie eine Stunde nach dem Ende der Stimulation noch bei ca. 30 % des vorher erreichten Spitzenwerts. Annähernd die gleiche Entwicklung zeigen die Messungen der intraoralen Luft bei Personen mit zwölf und mehr Amalgamfüllungen nach Kaugummikauen *(Vimy / Lorscheider 1985 b S. 1073)*: Von dem Spitzenwert von 45 µg/m³ sinkt der Quecksilberdampfgehalt während einer Stunde auf 19,5 µg/m³ (dies ist immer noch mehr als das Dreifache des Ausgangswerts von 6 µg/m³ bei dieser Probandengruppe).

Damit liegt auch hier der Quecksilberdampfgehalt mehr als eine Stunde lang nach dem Ende der Stimulation um nahezu 100 % über dem Wert, der bei einer 40-Wochenstunden-Exposition langfristig die Symptome des Mikromerkurialismus verursachen kann.

Ergänzend sei noch einmal klargestellt, daß bei Probanden ohne Amalgamfüllungen der Quecksilbergehalt weder durch Zähnebürsten noch durch Kauen noch durch Trinken anstieg. Eine andere Ursache für die Erhöhung des Quecksilberwerts bei Amalgamträgern als die Freisetzung aus Amalgamfüllungen scheidet also aus.

Der hier beschriebene Vorgang des Anstiegs der Quecksilberfreisetzung aus Amalgamfüllungen kann bei jeder - auch sanften - Form des Abriebs an der Amalgamoberfläche auftreten *(Patterson et al. 1985 S. 461).*

Demnach sind nach Stimulationsvorgängen wie Kauen, Trinken heißer Flüssigkeiten, Zähnebürsten usw. Quecksilberdampfwerte möglich, die um ein Vielfaches über dem Schwellenwert von 10 $\mu g/m^3$ liegen. Das Überschreiten dieses Werts beschränkt sich ersichtlich zudem nicht zwingend auf eine 40-Wochenstunden-Exposition (mit expositionsfreien Zeiten als Regenerationsmöglichkeit für den Organismus). Auch in zeitlicher Hinsicht kann der angegebene Schwellenwert daher als Folge von Amalgam überschritten werden. Expositionsfreie Zeiten von täglich mindestens 16 Stunden, wie sie der Annahme des Schwellenwerts von 10 $\mu g\ Hg/m^3$ zugrundeliegen, sind bei mehreren mit Amalgam behandelten Zähnen ausgeschlossen. Selbst während des Schlafs entstehen Quecksilberfreisetzungen aus den Amalgamoberflächen *(Störtebecker 1985 S. 143; Diehl 1974 S. 42)*.

Es sind daher als Folge von Amalgamfüllungen in der Mundhöhle Voraussetzungen gegeben, unter denen der Symptomenkomplex des Mikromerkurialismus entstehen kann *(Vimy / Lorscheider 1985 b S. 1074; Störtebecker 1985 S. 43)*.
Auch *Friberg et al.* (1986 S. 519, 521 u. 522) schließen die Möglichkeit nicht aus, daß durch Amalgamfüllungen ein Mikromerkurialismus verursacht wird.
Unmißverständlich bestätigt der Direktor des Instituts für Spektrochemie und angewandte Spektroskopie Dortmund *Professor Tölg (1988 S. 202)*:

> "Mir bekannte Informationen sprechen dafür, daß in einer nicht mehr zu vernachlässigenden Zahl von Fällen gravierende Schädigungen durch mobilisiertes Quecksilber aus Amalgamfüllungen beobachtet wurden... Für diesen Befund von chronischen Intoxikationen spricht prinzipiell auch die Tatsache, daß in der Reinstofforschung, der ich mich seit Jahren widme, kein Werkstoff bekannt ist, der sich chemisch völlig indifferent verhält. Im speziellen Fall ist es sehr wahrscheinlich, daß aus Silberamalgamfüllungen Quecksilber durch Verflüchtigung, Korrosion, Abrieb u. a. im Spurenbereich mobilisiert wird. Lokale Anreicherungen des Quecksilbers im Gewebe und Knochenkompartimenten des Mundbereiches und se-

kundäre Streuungen mit entsprechenden Krankheitssymptomen sind deshalb sehr wahrscheinlich."

Wissenschaftlich anerkannte Fakten aus der Toxikologie beweisen uns, daß der von Schul-(zahn)medizinern herangezogene Vergleich zwischen Amalgamträgern und anderweitig Quecksilberexponierten ungeeignet ist, toxische Schädigungen durch Quecksilberfreisetzungen aus Amalgam auszuschließen. Vielmehr belegt ein solcher Vergleich eindeutig die Möglichkeit, daß durch Amalgamfüllungen Krankheitssymptome toxischer Genese verursacht werden können.

(d)

Gelegentlich wird von einigen Autoren der Schul(zahn)medizin (*u. a. Knappwost 1988 S. 148; Ketterl 1986 b S. 56; Ott et al. 1984 S. 204*) der Mikromerkurialismus unerwähnt gelassen und stattdessen der MAK-Wert als Vergleichsmaßstab zitiert. Dieser Wert für die Maximale Arbeitsplatz-Konzentration ist im Hinblick auf Quecksilber bei uns als "vorläufiger, unzureichend begründeter Wert" (*Henschler 1989 S. 11*) auf 100 $\mu g/m^3$ festgelegt worden (demgegenüber auf 50 $\mu g/m^3$ in den USA und in den meisten westlichen Ländern, auf 10 $\mu g/m^3$ in der Sowjetunion und in der Schweiz).
Die MAK für Quecksilber besagt, daß im allgemeinen die Gesundheit der Beschäftigten durch eine Quecksilberexposition bis zu dieser Grenze - wiederum bei einer Begrenzung der Exposi-

tionszeit auf 8 Stunden täglich an 200 Arbeitstagen im Jahr - nicht beeinträchtigt wird.

Der MAK-Wert wird für eine Gruppe von Exponierten festgelegt und gilt in erster Linie für gesunde Personen *(Wardenbach / Lehmann 1987 S. 14)*. Auch bei Unterschreiten des MAK-Werts sind daher toxische Schäden im Einzelfall nicht ausgeschlossen *(Henschler 1984 S. 260; Schlegel 1986 S. 44)*, und zwar weder bei anfänglich gesunden Personen im Arbeitnehmer-Alter noch - erst recht - bei kranken oder bei sehr jungen Personen *(Wardenbach / Lehmann 1987 S. 14)*. Der MAK-Wert eignet sich also nicht als Gegenbeweis für Schädigungen im Einzelfall.

Allein schon aus diesem Grund ist eine Argumentation mit dem MAK-Wert für beruflich Quecksilberexponierte ungeeignet, toxische Schäden durch Quecksilberfreisetzungen aus Amalgam von vornherein in jedem Fall auszuschließen.

Wer dennoch mit dem MAK-Wert eine generelle toxikologische Unbedenklichkeit des Amalgams zu begründen versucht, übersieht darüber hinaus:

- Der MAK-Wert ist festgelegt jeweils für einen Einzelstoff *(Senatskommission 1989 S. 10)*. Die MAK für Quecksilber gilt also nur in den Fällen, bei denen eine Exposition ausschließlich Quecksilber gegenüber erfolgt. Amalgam ist demgegenüber ein Metallgemisch, aus dem neben Quecksilber auch weitere Legierungsbestandteile (Silber, Kupfer, Zinn und ggf. Zink) freigesetzt werden *(Brune 1986 S. 166)*. Die Amalgambelastung ist also keine reine Quecksilberbelastung. Inwieweit beispielsweise die Kupferfreisetzung aus Amalgamoberflächen mit Werten bis zu 500 µg/cm^2 pro Tag *(Geis-Gerstorfer / Sauer 1986 S. 1267)* eine Kupferdepotbildung im Organismus fördert, die wiederum quecksilberbedingte Organschäden potenzieren kann *(hierzu Daunderer 1989 S. 4 - 5)*, wird bei der MAK nicht berücksichtigt *(vgl. auch Mayer 1980 S. 452)*.

- Die MAK läßt zudem keinen Rückschluß zu auf die Bedenklichkeit oder Unbedenklichkeit einer kürzeren Einwirkung des betreffenden Gifts in <u>höherer</u> Konzentration *(Mayer et al. 1984 S. 2148)*. Diese kann, verursacht durch Amalgam, z. B. während des Legens einer Füllung mit Werten bis zu 400 µg Hg/m^3 *(Mayer 1988 S. 118)* oder auch während des Ausbohrens mit Werten bis zu 800 µg Hg/m^3 *(Friberg et al. 1986 S. 519)* auftreten. Wird hierbei durch die Behandlung mit Amalgam eine "bedenkliche toxische Grenze" *(Motsch 1971 S. 74)* überschritten, so kann bereits dies zu einer toxischen Belastung mit den Folgen einer gesteigerten Sensibilität gegenüber jeder erneuten Quecksilberdampfzufuhr *(vgl. Vimy et al. 1986 S. 1419; Stock 1935 S. 454)* und zu einer verminderten Hg-Ausscheidungsfähigkeit *(vgl. Kupsinel 1984 S. 251)* führen. Auch in diesen Fällen ist eine zwischenzeitliche Einhaltung des MAK-Werts bei Quecksilber-Freisetzungen aus Amalgam kein Garant für eine toxikologische Unbedenklichkeit des Amalgams.

- Schließlich gilt auch bei der MAK die zeitliche Begrenzung der Exposition auf 8 Stunden pro Tag an 200 Arbeitstagen im Jahr. Die Quecksilberfreisetzung aus Amalgam erfolgt demgegenüber ohne größere Unterbrechung während 168 Wochenstunden an jedem Tag im Jahr. Es ist irreführend und unrichtig, eine am Arbeitsplatz für eine Dauer von 8 Stunden gerade noch tolerierte maximal zulässige Konzentration eines Schadstoffs als Maßstab für eine Exposition gegenüber diesem Schadstoff auch im Privatbereich während 24 Stunden auszugeben (Störtebecker 1985 S. 143).

Im Wohnbereich wird als tolerierbare Obergrenze für eine 24-Stunden-Exposition vielmehr 1/40 des MAK-Werts angenommen (McNeil et al. 1984 S. 270). Die daraus resultierende Obergrenze von 2,5 µg Hg/m^3 Luft kann, verursacht durch Amalgam, bei Amalgamträgern ohne weiteres erreicht und überschritten werden. Dies zeigen die Ausgangswerte in den Untersuchungen von Gay et al. (1979 S. 985): bis zu 2,8 µg Hg/m^3; von Svare et al. (1981 S. 1669): bis zu 2,6 µg Hg/m^3; von Fredin (1988 S. 10): 4 µg Hg/m^3; von Utt (1984 S. 44): bis zu 3 µg Hg/m^3 usw. Erst recht gilt dies nach einer Stimulation der Quecksilberfreisetzung z. B. durch Kauen, Zähnebürsten, Trinken heißer Flüssigkeiten mit zusätzlichen Erhöhungen des Quecksilberwerts über einen Zeitraum von bis zu einer Stunde und mehr. Utt (1984 S. 42) fand nach 5 Minuten Kaugummikauen Spitzenwerte von bis zu 400 µg Hg/m^3 in der Ausatemluft von Amalgamträgern. Dieser Wert liegt, wie Störtebecker (1985 S. 173) zu bedenken gibt, um mehr als das Tausendfache über dem Grenzwert, der im Wohnbereich der Bevölkerung in der Sowjetunion als gerade noch tolerabel akzeptiert wird.

Wer demgegenüber den MAK-Wert als Maßstab nimmt, zeichnet insoweit ein unzutreffendes Bild von der tatsächlichen Gefährdung durch Quecksilber (und weitere Legierungsbestandteile) aus Amalgam.

Es ist bezeichnend, daß von den Autoren, die den MAK-Wert für Quecksilber als Argument für eine Unbedenklichkeit des Amalgams anführen, sich kaum einer dazu äußert, ob der MAK-Wert überhaupt ein geeigneter Maßstab zur Abschätzung toxischer Amalgamrisiken ist. Diejenigen Autoren jedoch, die diese Frage offen ansprechen, <u>verneinen</u> die Zulässigkeit einer einschränkungslosen Übernahme des MAK-Werts auf die Beurteilung von Amalgamrisiken *(Ohnesorge 1988 S. 25)*. Mayer *(1971 S. 89, ebenso 1985 S. 65)* stellt hierzu im Hinblick auf den mit Amalgam versorgten Patienten fest:

> "Hinsichtlich der Quecksilber-MAK-Werte sind wir der Ansicht, daß auf zahnärztlichem Sektor diese Angaben der Deutschen Forschungsgesellschaft nicht als Richtmaß oder gar Absicherung gelten können und dürfen! Nicht zuletzt auch deshalb, da bis jetzt niemand den Summationseffekt kennt und nicht bewiesen ist, daß dadurch keine Schäden entstehen!"

__Insgesamt__ ergibt sich zu dem Vergleich von Amalgamträgern mit anderweitig Quecksilberexponierten:

Schul(zahn)medizinische Autoren versuchen vergeblich, durch einen solchen Vergleich eine generelle toxikologische Unbedenklichkeit des Amalgams zu belegen. Vergleiche mit den in der Toxikologie und in der Arbeitsmedizin beschriebenen Quecksilberexpositionen und ihren Folgen beweisen vielmehr die Tatsache, daß Zahnfüllungen aus Silberamalgam Ursache für die Symptome des Mikromerkurialismus sein können.

Bei Unzulänglichkeiten in der Verarbeitung des Silberamalgams kann es auch aus schulzahnmedizinischer Sicht, legt man das Kompendium zur zahnärztlichen Begutachtung von *Professor Dr. Dr. H. Günther: "Zahnarzt, Recht und Risiko", München 1982 (S. 574)* zugrunde, nach herrschender Fachmeinung "zur Intoxikation ... beim Patienten via Amalgamfüllung kommen."
Die Literaturdokumentation in Teil B belegt, daß die Gefahr einer solchen Schädigung unter Zahnmedizinern seit Jahrzehnten bekannt ist. Es können hierbei - z. B. bei einer verstärkten Korrosion des Amalgams mit einer dadurch langfristig erhöhten Metallfreisetzung aus den Füllungsoberflächen - vielfältige zusätzliche Symptome auftreten, die denen einer manifesten chronischen Quecksilbervergiftung (u. a. sog. Erethismus mit Schlaflosigkeit, Appetitlosigkeit, Schüchternheit, Schreckhaftigkeit, Zittern; Kopfschmerzen, Gedächtnisstörungen, Herabsetzung der geistigen Arbeitsfähigkeit, Reizbarkeit gegenüber Kritik, Beeinträchtigungen

des Geschmacks, des Gehörs und des Geruchssinns, chronischer Nasenkatarrh, Lockerung der Zähne, Nierenerkrankungen; *vgl. Bader et al. 1985 S. 679 - 680; Greenwood / Von Burg 1984 S. 529; Fawer et al. 1983 S. 204; Marxkors 1970 S. 120)* gleichen.

Eine toxische Belastung mit Amalgam ist jedoch wegen der weiteren Amalgambestandteile keine reine Quecksilberbelastung. Auch andere als die bei einem Mikromerkurialismus bzw. bei einer chronischen Quecksilbervergiftung zu beobachtenden Krankheitsbilder sind daher nicht ausgeschlossen.
Professor Störtebecker (1985 S. 133) berichtet beispielsweise von Patienten, bei denen als Folge des Amalgams ein Abbau der Widerstandskraft gegenüber elektrischen Feldern in ihrer unmittelbaren Umgebung (u. a. durch Kühlschränke, weitere Haushaltsgeräte usw.) entstanden ist. Professor Störtebecker war langjährig am Karolinska Institut in Stockholm tätig. Auch ein deutscher Inhaber eines (zahnmedizinischen) Lehrstuhls erklärte auf die diesbzgl. Anfrage des Hessischen Sozialministers mit Schreiben vom 14.4.1983 - Az.: P / DmI/119-83 -, daß eine Elektrosensibilität als Folge von Amalgamfüllungen möglich ist *(Drucks. des Hessischen Landtags 10/1106)*.

ad 2: Die Überlegung, auch mit der Nahrung werde Quecksilber aufgenommen, kann die Ergebnisse zu ad 1) nicht widerlegen. Insbesondere schließt eine Quecksilberaufnahme durch die Nahrung eine gesundheitsschädliche Wirkung von amalgambedingten Quecksilberanreicherungen in den Organen nicht aus, und es ist unlogisch, bei zwei kumulativ auftretenden Schadstoffexpositionen gesundheitliche Folgen der einen mit der anderen ausschließen zu wollen.

Bei der Beurteilung der toxischen Auswirkungen von Quecksilber aus Amalgamfüllungen einerseits - insbesondere Quecksilberdampf und Quecksilberionen - und aus der Nahrung andererseits - anorganische und organische Quecksilberverbindungen - muß streng zwischen den verschiedenen Formen des Quecksilbers unterschieden werden *(Ohnesorge 1988 S. 22; Halbach 1989 S. 2335; Tölg 1987 S. 22; Müller / Ohnesorge 1987 S. 243 - 244 mit weiteren Untergliederungen des anorganischen und des organischen Quecksilbers).* Jede dieser Formen hat ihre eigene Toxikologie, die bedingt ist durch Unterschiede in der Resorption, der Verteilung im Organismus, der Elimination und damit der Verweildauer im Organismus *(Seeger 1982 S. 1838).* Es ist daher äusserst fragwürdig, lediglich auf Grund eines Mengenvergleichs zwischen Quecksilber aus Amalgam und Quecksilber in der Nahrung Rückschlüsse auf die Toxizität des ersteren zu ziehen und jede Schadwirkung auszuschließen.

Zutreffend ist vielmehr:

- Über die Atemwege aufgenommener Quecksilberdampf (aus Amalgam) wirkt sich unvergleichlich schädlicher aus als verschlucktes und den Magen-Darm-Trakt passierendes Quecksilber *(A. Ring 1986 S. 426; Schwickerath 1977 S. 263; Mayer 1975 S. 181; Stock 1935*

S. 453). Denn das eingeatmete Gift gelangt aus der Lunge unmittelbar in die Blutbahn (Halbach 1990 S. C-298; Nylander et al. 1987 S. 180; Berlin 1986 S. 397), wird über den gesamten Organismus verteilt und reichert sich in den Zielorganen des Quecksilbers, insbesondere im Gehirn, an (Müller / Ohnesorge 1987 S. 245; Clarkson et al. 1980 S. 420).

Demgegenüber wird verschlucktes Quecksilber (aus der Nahrung) zumindest teilweise vom Magen-Darm-Trakt aus der Leber zugeführt, wo durch Stoffwechselvorgänge eine Entgiftung (Störtebecker 1985 S. 148) und eine Weiterleitung zu den Ausscheidungsorganen erfolgen können.

- Die Absorptionsquote des aus Amalgamfüllungen freigesetzten Quecksilberdampfs muß mit 80 % (Strubelt et al. 1988 S. 641; Müller / Ohnesorge 1987 S. 244; Mahaffey 1984 S. 202; WHO 1976 S. 21) als ausgesprochen hoch angesehen werden.

Die durchschnittliche Absorptionsquote des mit der Nahrung und mit Getränken aufgenommenen Gesamtquecksilbers ist unzureichend bekannt (Müller / Ohnesorge 1987 S. 244). Untersuchungen von Schiele (1988 S. 28 - 30) sprechen <u>gegen</u> eine wesentliche Kumulation des Nahrungsquecksilbers im Organismus (vgl. auch Umweltbundesamt 1980 S. 20 u. 56: ca. 7 % Absorptionsquote bei anorganischem Quecksilber in der Nahrung; ebenso Greenwood / Von Burg 1984 S. 520).

- Quecksilber, das als Dampf aus Amalgamfüllungen freigesetzt wird, gelangt zum großen Teil über die Blutbahn nach Einatmung (s. o.) und zusätzlich auch auf direktem Weg von der Nasenhöhle über die Lymphbahn *(Mayer 1985 S. 59)*, über die Geruchsnerven und über das Venensystem des Kopfes *(Störtebecker 1989 S. 1207)* in das Gehirn. Es verursacht dort vor allem Schäden im zentralen Nervensystem *(Berlin 1986 S. 399 - 400)* und verweilt im Gehirn mit einer extrem langen Halbwertszeit von <u>bis zu 18 Jahren</u> *(Sugita 1978 S. 30; Vimy et al. 1986 S. 1417: 20 Jahre; Ohnesorge 1988 S. 23: 1 - 18 Jahre)*. Dies bedeutet, daß nach 18 Jahren lediglich die Hälfte des im Gehirn angereicherten Quecksilbers ausgeschieden ist; die verbleibende Hälfte ist wiederum erst nach weiteren 18 Jahren auf 50 % gemindert usw. Weitere tiefe Kompartimente treten sehr wahrscheinlich in der Leber und insbesondere in der Niere auf *(Ohnesorge 1988 S. 23; Riethe 1988 S. 259)*.

Diese außerordentlich lange Halbwertszeit gilt für alle in das Gehirn gelangten Quecksilberverbindungen, unabhängig davon, ob es sich um organische Quecksilberverbindungen (mit der Nahrung zugeführt) oder um anorganische Quecksilberverbindungen (z. B. aus Amalgam) handelt *(hierzu und zum folgenden: Alsen-Hinrichs 1990)*. Erhebliche Unterschiede bei diesen beiden Arten von Quecksilberverbindungen bestehen aber hinsichtlich ihrer Verfügbarkeit für den Übergang vom Blutplasma in die Organe (z. B. Gehirn).

Entscheidend hierfür ist das Verhalten des Quecksilbers im Blut:

Von dem anorganischen Quecksilber im Blut liegen etwa 50 % im Blutplasma vor. Es wird dort chemisch nur schwach gebunden, d. h. es ist **frei verfügbar** für den **Übergang in die einzelnen Organe**, u. a. in das Gehirn.
Von dem organischen Quecksilber im Blut liegen im Gegensatz dazu nur ungefähr 5 % im Blutplasma vor.

Dieses Ungleichgewicht in der Verteilung hat zur Folge, daß von resorbiertem anorganischen Quecksilber (z. B. aus Amalgam) ein wesentlich höherer Prozentsatz für den Übergang in die Organe zur Verfügung steht als bei der Resorption einer vergleichbaren Menge des organisch gebundenen Quecksilbers (mit der Nahrung zugeführt).

Der Anteil des Quecksilbers im Blut, der nicht im Blutplasma verbleibt, findet sich hauptsächlich in den **Erythrozyten**. Dieser Anteil beträgt 50 % des anorganischen Quecksilbers im Blut *(vgl. auch Friberg / Vostal 1972 S. 38 m. w. N.)* bzw. 95 % des organischen Quecksilbers im Blut *(vgl. auch Halbach 1990 S. C-298; Müller / Ohnesorge 1987 S. 246; Suzuki et al. 1970 S. 40)*. Er ist dort **fest gebunden** und wird erst nach Ablauf der Lebensdauer der Erythrozyten (ungefähr 120 Tage) wieder frei. Er ist auch dann u. a. wegen erneuter Verbindungen mit Erythrozyten im Blut und wegen der einsetzenden Ausscheidungsvorgänge dem Übergang in die kritischen Organe (z. B. Gehirn) weitgehend entzogen.

Diesem an die Erythrozyten gebundenen Anteil des Quecksilbers kommt daher eine deutlich geringere toxikologische Relevanz zu als dem Anteil des Quecksilbers, der sich - im Gegensatz dazu - im Blutplasma findet und von dort direkt in die Organe übertreten kann (50 % beim anorganischen, 5 % beim organischen Quecksilber im Blut).

Aus diesen Fakten folgt:

Bei einer gleichhohen Resorption von anorganischem Quecksilber (aus Amalgamfüllungen) einerseits und von Quecksilber als organisch gebundenem Quecksilber (aus der Nahrung) andererseits bestehen erhebliche Unterschiede in der Verfügbarkeit für den Übergang in die für die Quecksilbertoxizität kritischen Organe (z. B. Gehirn). Ein bloßer Mengenvergleich zwischen der Aufnahme von Quecksilberdampf aus Amalgamfüllungen und von organischem Quecksilber aus der Nahrung kann daher wissenschaftlich nicht überzeugen.

- Nichts ist darüber bekannt, daß die Zufuhr von Quecksilberdampf aus Amalgamfüllungen gleichzeitig mit der Aufnahme eines anderen Stoffes erfolgt, der die toxischen Auswirkungen des Quecksilbers mindert. Anders ist es bei der Quecksilberexposition durch die Nahrung: Sie geht einher mit einer Aufnahme von Selen (vgl. zum Selengehalt der normalen Nahrung *Porcher 1990 S. 13*). Selen hat in verschiedenen Untersuchungen - insbesondere bei einer Gleichzeitigkeit der Aufnahme mit

Quecksilber *(Naganuma 1984 S. 578 - 580)* - die Eigenschaft, den Organismus vor toxischen Auswirkungen des Quecksilbers zu schützen bzw. die Quecksilberausleitung zu fördern *(Schrauzer 1989 S. 8; Nordberg et al. 1986 S. 184; Cox / Eley 1986 S. 933; Aoi et al. 1985 S. 637 u. 642)*. Auch dies führt dazu, daß ein bloßer Mengenvergleich zwischen Quecksilber aus Amalgamfüllungen und Quecksilber in der Nahrung kein überzeugendes Argument für eine Unbedenklichkeit der amalgambedingten Quecksilberexposition ist.

- Das Nahrungsquecksilber wird zu einem Teil, der hauptsächlich von dem Verzehr von Fisch bestimmt wird *(Berlin 1986 S. 394)*, als Methylquecksilber aufgenommen. Diese organische Quecksilberverbindung gilt im Hinblick auf ihre Resorptionsquote (ca. 90 %) und die Gefahr irreversibler Funktionsstörungen als stark toxisch *(Schiele 1988 S. 28; Greenwood / Von Burg 1984 S. 533)*.
Auch hieraus läßt sich jedoch eine Unbedenklichkeit der amalgambedingten Quecksilberaufnahme nicht ableiten. Verschiedene Untersuchungen sprechen sogar dafür, daß ein Teil des anorganischen Quecksilbers (aus Amalgam) durch biologische Prozesse ebenfalls in Methylquecksilber umgewandelt werden kann. Dies ist zum einen bereits in der Mundhöhle durch die im Zahnstein und Speichel vorhandenen Streptokokken möglich *(Heintze et al. 1983 S. 151)*, zum anderen werden im Darm Quecksilberionen durch die dort vorhandenen Bakterien und durch Gärung zu Methylquecksilber umgesetzt *(Edwards / McBride 1975 S. 463)*. Es ist zumindest nicht ausgeschlossen, daß die Ge-

fährlichkeit des Methylquecksilbers daher ebenfalls bei der toxikologischen Beurteilung des Amalgams zu beachten ist *(Brekelmans 1986 S. 7; Brune 1986 S. 170; Penzer 1986 S. 23; Brune / Evje 1985 S. 53; Störtebecker 1985 S. 29)*. Demnach wäre Amalgam für den Organismus nicht nur wegen der Exposition gegenüber hochgradig toxischen Quecksilberdämpfen und Quecksilberionen bedenklich, sondern zusätzlich auch wegen der Belastung mit Methylquecksilber.

Cross et al. (1978 S. 312) haben bereits bei Zahnärzten einen erhöhten Gehalt an Methylquecksilber im Blut diagnostiziert. Der Wert lag durchschnittlich um mehr als das 3fache (bezogen auf den Anteil am jeweiligen Gesamtquecksilber im Organismus) über dem bei einer beruflich nicht exponierten Vergleichsgruppe. Auch diese Studie spricht dafür, daß Quecksilber aus Amalgam nach Umwandlungsprozessen im Organismus diesen auch in Form von Methylquecksilber belastet. Es ist kein Anhaltspunkt dafür ersichtlich, daß dies nur bei Zahnärzten und nicht auch bei ebenfalls amalgam-exponierten Patienten zutrifft.

- Übersehen wird zudem, daß bei einer regelmässigen Zufuhr eines Metallgifts die Toxizität dieser Exposition mit der Kürze der Intervalle zwischen den einzelnen Expositionszeiten ansteigt *(Camner et al. 1986 S. 111)*. Kürzere zeitliche Intervalle innerhalb einer jahrelangen Quecksilberexposition als bei Amalgam sind wegen der ständigen Quecksilberfreisetzung aus den Füllungsoberflächen kaum vorstellbar. Demgegenüber bestehen bei der nahrungsbedingten Quecksilberaufnahme offenkundig größere Intervalle.

- Die Untersuchungen über den Quecksilbergehalt in der Luft innerhalb der Mundhöhle, in der Ausatemluft und im Speichel von Amalgamträgern und Nichtamalgamträgern (s. o.) ergaben - bereits vor einer Stimulation der Quecksilberfreisetzung durch Kauen usw. - bei Amalgamträgern einen Quecksilberwert, der um ein Vielfaches über dem Wert bei Nichtamalgamträgern lag.
Dies zeigt, daß der nahrungsbedingte Faktor insoweit geringer zu bewerten ist als die amalgambedingte Quecksilberfreisetzung. Die gegenteiligen Behauptungen einiger Schul(zahn)mediziner sind unvereinbar mit diesen Fakten.

- Bei einigen Giften, die als flüchtige Stoffe auf den Organismus einwirken, gilt die Habersche Regel. Sie besagt, daß bei einer langfristigen Exposition (t) die Zufuhr kleiner Einzeldosen (c) die gleiche toxische Wirkung zeigen kann wie die Zufuhr einer hohen Konzentration des betreffenden Stoffs binnen einer kurzen Zeit. Das Produkt c x t ist demnach nahezu konstant *(Wirth, W. / Gloxhuber 1985 S. 5; Henschler 1987 S. 742)*.

Diese Habersche Regel gilt auch für Quecksilberdampf *(Wirth, K., 1990, Anhang 3)*. Bei einer langfristigen, täglich erfolgenden Quecksilberdampfexposition gelangt man daher nicht zu einer zutreffenden Beurteilung des toxikologischen Wirkungsgrads, wenn man sich darauf beschränkt, nur die tägliche Einzeldosis zu betrachten. Vielmehr ist, falls sie erfolgt, die jahrelange und ggf. jahrzehntelange Dauer der Quecksilberdampfexposition mit einzubeziehen.

Der Vergleich zwischen der "täglich" durch Amalgam als Dampf aufgenommenen Quecksilbermenge mit der "täglichen" Aufnahme von Quecksilber durch die Nahrung läßt diesen Gesichtspunkt unberücksichtigt. Ein solcher Vergleich führt auch aus diesem Grund zu einer Unterschätzung der möglichen toxischen Auswirkungen langfristiger Quecksilberaufnahmen als Folge von Amalgam.

Schiele (1988 S. 31; ihm folgend auch Riethe 1988 S. 241) ist im Zusammenhang mit der toxikologischen Beurteilung von Amalgamfüllungen der Ansicht, die Habersche Regel gelte nicht für Quecksilber, denn "der menschliche Organismus verfügt nämlich über Auscheidungsmechanismen für die verschiedensten toxischen Einwirkungen." Dem widerspricht es, wenn *Schiele (1988 S. 152)* gerade bezogen auf amalgambedingte Quecksilberanreicherungen im Gehirn feststellt: "Das, was im Gehirn dann nachher vorliegt, das ist da praktisch gefangen als ionisches Quecksilber und kann dann als solches nicht mehr raus." In der Tat erscheint es wenig überzeugend, bei einer Halbwertszeit des Quecksilbers im Gehirn von bis zu 18 Jahren *(Ohnesorge 1988 S. 23; Vimy et al. 1986 S. 1417; Sugita 1978 S. 30)* unter Berufung auf die Ausscheidungsmechanismen des menschlichen Organismus die Gültigkeit der

Haberschen Regel im Hinblick auf Quecksilberdampf aus Amalgamfüllungen zu bestreiten. Zumindest für die Beurteilung amalgambedingter Quecksilberanreicherungen im Gehirn - insbesondere im Hinblick auf Beeinträchtigungen des Zentral-Nervensystems - trifft die Habersche Regel eindeutig zu *(vgl. auch Till / Maly 1978 S. 1042).*

Auch unter diesem Gesichtspunkt sind die 240 - 560 mg Quecksilber, die über Jahre hindurch aus Amalgamfüllungen freigesetzt werden *(Gasser 1983 S. 1040; Radics et al. 1970 S. 1036 bei Annahme einer Amalgamversorgung aller Prämolaren und Molaren)* und zum großen Teil als Dampf den Organismus belasten können, anders zu beurteilen als die Quecksilberaufnahme durch die Nahrung.

- Das Bundesgesundheitsamt (BGA) rät von (umfangreichen) Behandlungen mit Amalgam bei Schwangeren ab und "beabsichtigt darüber hinausgehend, die Anwendung von Amalgamen in der Schwangerschaft auszuschließen" *(Schreiben des BGA vom 27.9.1988, Anhang 4).* Nach einer aktuellen Entscheidung des BGA ist vorerst geplant, Amalgam solle "mit einem warnenden Beipackzettel versehen werden, der auf Risiken während der Schwangerschaft hinweist" *(Zahnärztliche Mitteilungen 1989 S. 2824: "Amalgamwarnung").*

Der Grund für diese Warnung ist die Tatsache, daß Quecksilber die Plazenta-Schranke durchdringen *(Ewers / Schlipköter 1984 S. 213),* sich im Fötus anreichern *(Ohnesorge 1988 S. 22; Berlin 1986 S. 397)* und auf diesem Weg eine Bedrohung für die Gesundheit des werdenden Lebens sein kann *(Berlin 1986 S. 402)*. Auch in Schweden besteht eine amtliche Warnung vor umfangreichen Arbeiten mit Amalgam während der Schwangerschaft, nachdem die vom Schwedischen Gesundheitsministerium einberufene Expertenkommission bereits im Jahr 1987 eine entsprechende Empfehlung ausgesprochen hatte *(Socialstyrelsens Expertgrupp 1987 S. 39)*.

Mit seinen Bedenken gegenüber Amalgam während der Schwangerschaft, die auch aus ganzheitsmedizinischer Sicht zu Recht bestehen, widerspricht das Bundesgesundheitsamt einem umfangreichen Gutachten der *Professoren Strubelt, Schiele und Estler (1988 S. 641 - 646)*. Diese hatten uneingeschränkt das Legen von Amalgamfüllungen auch bei Schwangeren befürwortet.

Die *Arzneimittelkommission Zahnärzte* schloß sich unmittelbar nach Fertigstellung dieses Gutachtens dem darin ausgesprochenen Votum an *(1987 S. 2812)*. Gegen die aktuelle Haltung des Bundesgesundheitsamts macht sie nun wirtschaftliche Gründe geltend *(Zahnärztliche Mitteilungen 1989 S. 2824)*. Von einem Anzweifeln der toxikologischen Gesichtspunkte, die das Bundesgesundheitsamt zu seiner Warnung bewogen haben, ist in dieser Meldung in der ZM nicht mehr die Rede.

Gegen die "normale Nahrung" bestehen während der Schwangerschaft keine Bedenken. Auch das

Bundesgesundheitsamt bestätigt daher, daß toxische Risiken durch Quecksilber aus Amalgam nicht einfach mit einem Hinweis auf den Quecksilbergehalt der Nahrung hinwegdiskutiert werden können.

- Selbst wenn man auf einen bloßen Mengenvergleich abstellte, fiele dieser nicht mit der von einigen Autoren behaupteten Allgemeingültigkeit zugunsten des Amalgams aus.

Die tägliche Quecksilberaufnahme durch die normale Nahrung wird mit einer Obergrenze von bis zu 20 µg angegeben (*Institut der Deutschen Zahnärzte 1988 S. 163; Brune / Evje 1984 S. 169; Mahaffey 1984 S. 202; Hamilton / Minski 1972 / 1973 S. 385*).

Mit Hilfe einer Nuclear-tracer-Technik untersuchten *Brune / Evje (1985 S. 51 - 63)* die pro Tag aus Amalgamfüllungen in den Speichel abgegebene Quecksilbermenge. Hierbei unterschieden sie zwischen der Quecksilberfreisetzung während der Kauphasen (mit höheren Belastungswerten) und während Ruhephasen. Insgesamt errechneten sie eine tägliche Abgabe von 3 µg ionisierten Quecksilbers pro cm^2 Füllungsoberfläche. Bei einem im durchschnittlichen Umfang mit Füllungen behandelten Amalgamträger erreicht, so die Schlußfolgerung der Autoren, die Aufnahme von ionisiertem Quecksilber aus den Füllungsoberflächen den gleichen Wert wie die Quecksilberaufnahme mit der Nahrung.

Brune / Evje gehen bei dieser Berechnung von nur drei Kauperioden pro Tag aus. Bei - realitätsnaher - Annahme einer mehr als dreimaligen Stimulation der Quecksilberabgabe durch Kauen usw. erhöht sich der Quecksilberwert zusätzlich *(Brune / Evje 1985 S. 59)*.

Nach *Vimy / Lorscheider (1985 b S. 1074)* nehmen Personen mit 12 und mehr Amalgamfüllungen täglich mehr als 29 µg Quecksilber aus Amalgam auf. Dabei legen die Autoren eine vorsichtige Schätzung zugrunde, bei der lediglich die <u>inhalative</u> Quecksilberaufnahme einbezogen wurde. Unberücksichtigt blieben hierbei zusätzliche amalgambedingte Quecksilberexpositionen wie das Verschlucken Hg-kontaminierten Speichels oder auch die Quecksilberabsorption durch die Mundschleimhäute *(Vimy / Lorscheider 1985 b S. 1074; Vimy / Lorscheider 1987 S. 1290)*.

Geis-Gerstorfer / Sauer (1986 S. 1267) ermittelten, welche Metallmengen schon allein durch die Korrosion des Amalgams - ohne Einbeziehung von Kauvorgängen mit erhöhter Quecksilberfreisetzung - abgegeben werden. Hierbei wurde mit bis zu 20 µg/cm^2 eine tägliche Quecksilbermenge festgestellt, die bereits bei <u>einer</u> mehrflächigen Füllung im Sechs-Jahr-Molaren *(vgl. Mayer / Gantner 1980 S. 1074)* der nahrungsbedingten Quecksilbermenge entsprechen kann. Die Summe der bei Amalgamträgern vorzufindenden Füllungsoberflächen ergibt in aller Regel ein Mehrfaches von 1 cm^2 *(Brune 1986 S. 168)*. Folglich sind bei Zugrundelegung dieser Werte amalgambedingte Quecksilberexpositionen möglich, die bereits quantitativ weit über der nahrungsbedingten Quecksilberexposition liegen (auch Silber, ebenfalls ein nicht essentielles Metall, wird bei Personen mit mehreren Füllungen in größeren Mengen durch Amalgam als durch die Nahrung aufgenommen, *Geis-Gerstorfer / Sauer 1986 S. 1269*).

Die Untersuchungen von Geis-Gerstorfer / Sauer, durchgeführt an der Universitätszahnklinik Tübingen und am Max-Planck-Institut Düsseldorf, zeigten nach Angaben der Autoren außerdem, daß die neuen sog. Non-Gamma-2-Amalgame mit ihrem erhöhten Kupfergehalt bei unverändertem Quecksilberanteil entgegen anderslautenden Meldungen *(u. a. Riethe 1982 S. 42)* nicht generell als korrosionsfester angesehen werden dürfen *(Geis-Gerstorfer / Sauer 1986 S. 1266)*, sondern "ebenso korrodieren wie konventionelle Amalgame" *(Geis-Gerstorfer / Sauer 1986 S. 1267; vgl. in ähnlichem Sinne Bingmann / Tetsch 1987 S. 736; Brune 1986 S. 170; Dérand 1986 S. 256 u. 258; Dérand / Johansson 1983 S. 58 - 59)*.

Sogar *Schiele (1988 S. 129 - 130; referiert auch in Zahnärztliche Mitteilungen 1987 b S. 1815)* äußert auf Grund der auffäligen Zusammenhänge zwischen Amalgamfüllungen in den Zähnen und Quecksilberanreichungen in Gehirn und Nieren von Amalgamträgern die Vermutung, daß "entgegen meiner eigenen bisherigen Einschätzung" die Quecksilberbelastung des Menschen durch Amalgamfüllungen die normale Quecksilberaufnahme der täglichen Nahrung erheblich übersteigt.

Auch der rein quantitative Vergleich zwischen den bisher festgestellten Quecksilberfreisetzungen aus Amalgam und den nahrungsbedingten Quecksilberwerten bietet daher kein Argument, das für eine generelle Unbedenklichkeit amalgambedingter Quecksilberaufnahmen sprechen könnte.

Die Gesamtmenge an Quecksilber, mit welcher der Organismus durch Amalgamfüllungen belastet wird

- sei es durch die Freisetzung von Hg-Dämpfen, Hg-Ionen und Amalgampartikeln aus der Füllungsoberfläche mit der Einatmung von Hg-Dämpfen, dem Verschlucken von Hg und der Aufnahme von Hg durch die Mund- und Nasenschleimhäute als Folgen,

- sei es von der Unterseite der Füllung her durch die Kontamination des Dentins, der Zahnpulpa und des gesamten Zahnhalteapparats mit einer Weiterverteilung über den ganzen Organismus durch die Blut- und Lymphbahnen,

ist auch derzeit noch ungeklärt *(Heintze et al. 1983 S. 151; Geis-Gerstorfer / Sauer 1986 S. 1266 i. V. m. Sauer, Schreiben v. 12.12.1989; Schiele 1988 S. 131).*

Die bisher gemessenen Quecksilberfreisetzungswerte scheinen demnach jeweils nur Teile einer insgesamt höheren Gesamtbelastung durch Amalgamfüllungen auszumachen. Solange diese Gesamtbelastung nicht bekannt ist und bereits Teilmengen der nahrungsbedingten Quecksilberaufnahme gleichkommen bzw. diese sogar übertreffen können, sind alle Vergleiche mit der Quecksilberaufnahme durch die Nahrung ungeeignet, Behauptungen i. S. einer generellen toxikologischen Unbedenklichkeit dieser Gesamtbelastung zu belegen.

Aussagen u. a. aus (zahn)ärztlichen Universitätskliniken, die Quecksilberabgabe aus Amalgamfüllungen sei im Verhältnis zu der Belastung durch die Nahrung "zu vernachlässigen" *(Smetana et al. 1987 S. 267; Schiele 1982 S. 103)* oder "bedeutungslos" *(Riethe 1988 S. 273)* bzw. betrage "nur Bruchteile dessen, was täglich mit der Nahrung aufgenommen wird" *(Smetana 1986 S. 588 - 589; ebenso Heidemann 1988 S. 30)*, spiele "überhaupt keine Rolle" und sei daher zu "vergessen" *(Kees 1988 S. 57)*, sind unhaltbar und bei vorauszusetzendem Kenntnisstand ihres Autors unverantwortlich.

ad 3: Der "wissenschaftliche Nachweis" der Ursächlichkeit des Amalgams für toxisch bedingte Krankheitssymptome (z. B. des Mikromerkurialismus) wäre in zahlreichen Fällen sicherlich längst erbracht, wenn die offiziellen Stellen und die von ihnen beauftragten Gutachter bekannt gäben, unter welchen Bedingungen sie einen solchen Nachweis als erbracht akzeptieren.

(a)

Nicht eine einzige von 15 hierzu im Jahre 1983 befragten Universitätszahnkliniken benannte in ihrem Antwortschreiben ein - zumindest aus ihrer Sicht - geeignetes wissenschaftlich anerkanntes Untersuchungsverfahren. Die Arzneimittelkommission Zahnärzte, der Bundesverband der Deutschen Zahnärzte und die Kassenzahnärztliche Bundesvereinigung schweigen sich - trotz zweimaliger Anfrage durch das ZDN (Zentrum zur Dokumentation für Naturheilverfahren, Essen) in den Jahren 1988 und 1989 - hierzu ebenfalls aus. Auch das "Untersuchungszentrum Amalgam" der Universitätszahnklinik Erlangen *(Professor Kröncke, Schreiben vom 12.2.1990 und vom 28.2.1990)* läßt die Frage nach den Befunden unbeantwortet, bei deren Vorliegen der Nachweis einer (toxischen) Amalgamschädigung aus dortiger Sicht erbracht sei.

Aufschluß über den Grund für diese Schweigsamkeit bietet eine diesbezügliche Korrespondenz mit der Deutschen Gesellschaft für Zahn-, Mund- und Kieferheilkunde (DGZMK). Sie teilt durch ihren Generalsekretär *Professor Menzel (Schreiben vom 16.8.1989; Anhang 5 S. 2)* zunächst wiederum mit, "daß bis heute in keinem Fall der naturwissenschaftliche Nachweis erbracht wurde, wonach Amalgam oder das in ihm gebundene Quecksilber die Ursache einer menschlichen Erkrankung sei." Erst auf ein erneutes Nachfragen nach den Untersuchungsverfahren, anhand derer im Einzelfall beurteilt wird, ob Amalgam Krankheitsursache sei, gesteht der Präsident der

- 69 -

DGZMK *Professor Nolden (Schreiben vom 11.12.1989, Anhang 5 S. 7 u. 8)* ein:

> "Wissenschaftlich anerkannte Verfahren gibt es dazu bis heute nicht. Daraus ergibt sich, daß wir Ihnen auch keine Befunde, bei denen der Nachweis der Ursächlichkeit des Silberamalgams gegeben ist, mitteilen können, mit Ausnahme vielleicht sehr selten auftretender allergischer Reaktionen".

Demnach gibt es keine wissenschaftlich anerkannten Verfahren, mit denen sich die Ursächlichkeit des Amalgams für toxisch bedingte Krankheitssymptome im jeweiligen Einzelfall nachweisen läßt.
Dies besagt gleichzeitig auch, daß die wissenschaftlich anerkannten Verfahren derzeit ungeeignet sind, einen Nachweis für die Ursächlichkeit des Silberamalgams für toxisch bedingte Krankheitssymptome zu erbringen, selbst wenn diese Ursächlichkeit gegeben ist. Bei allen Patienten, die sich zur Abklärung der Krankheitsursächlichkeit des Amalgams an die Befürworter ausschließlich "wissenschaftlich anerkannter" Verfahren wenden, steht das Ergebnis daher mit großer Wahrscheinlichkeit von vornherein fest: Der wissenschaftliche Nachweis einer Krankheitsursächlichkeit des Amalgams hat sich "wieder einmal" nicht führen lassen - mögen diese Patienten noch so gravierend durch Amalgam und seine toxischen Auswirkungen erkrankt sein.

Vor diesem Hintergrund ist es vielleicht keine - offenkundige - Unwahrheit, wenn die *DGZMK* unter der Überschrift "Amalgam macht nicht krank" *(Zahnärztliche Mitteilungen 1988 S. 862, Anhang 5 S. 6)* auch öffentlich behauptet, daß "trotz höchst empfindlicher Untersuchungsmethoden bis heute in keinem Falle der naturwissenschaftliche Nachweis geführt wurde, daß Amalgam oder das in ihm gebundene Quecksilber die Ursache der Erkrankung sei." Jedoch grenzt dieser Satz an eine Irreführung breiter Bevölkerungskreise, wenn die DGZMK auf (zweimalige) Anfrage hin zugeben muß, daß es diese höchstempfindlichen Verfahren zum naturwissenschaftlichen Nachweis einer Amalgamursächlichkeit gar nicht gibt. Wer den Eindruck erweckt, bestimmte Krankheitsfälle gebe es nicht, während ihm tatsächlich nur die Diagnoseverfahren fehlen, sie zu erkennen, erweckt Zweifel an der Glaubwürdigkeit seiner Aussagen.

Deutlich fordert *Henschler (1989 S. 11)* als Vorsitzender der Kommission zur Prüfung gesundheitsschädlicher Arbeitsstoffe der Deutschen Forschungsgemeinschaft explizit für Quecksilber:
"Es sollten empfindlichere, zugleich spezifische Verfahren zur Ermittlung von Störungen der Funktion des ZNS" (Zentral-Nervensystems) "als Hauptzielorgan chronischer Quecksilberaufnahmen entwickelt und zur Grenzwertfindung eingesetzt werden."
Hiermit wird klar ausgesagt, daß die wissenschaftliche Medizin mit ihren Verfahren derzeit nicht in der Lage ist, routinemäßig derartige Schadstoffbelastungen und ihre gesundheitlichen Auswirkungen festzustellen.

Es erstaunt, mit welcher Hartnäckigkeit die DGZMK einerseits in ihren Veröffentlichungen zunächst das Gegenteil zu behaupten scheint und mit welcher Selbstverständlichkeit sie andererseits - allerdings erst auf gezieltes Nachfragen hin - den Mangel einer Diagnostik toxisch bedingter Amalgamschädigungen im Rahmen einer persönlichen Korrespondenz bestätigt.

(b)

Die Konsequenzen eines solchen Verhaltens von offizieller Seite für die Patienten, die durch eine toxische Belastung als Folge von Amalgam erkrankt sind, können fatal sein.
Selbst wenn ihnen als Betroffenen klar ist, wie begründet Zweifel an der offiziellen Version sind, haben sie oft kaum die Möglichkeit, die Begründetheit ihrer Zweifel zu belegen. Gerichte und Behörden sehen ihrerseits i. d. R. keinen Anlaß, Stellungnahmen der DGZMK wie "Amalgam macht nicht krank" zu hinterfragen und sogar - nach Rückäußerung ihres habilitierten Generalsekretärs - dieselbe Frage ein zweites Mal der DGZMK vorzulegen. Soweit aus der Sicht des Gerichts bzw. der Behörde überhaupt Fragen offen und nicht bereits zu Lasten des Betroffenen entschieden sind, wird ein Gutachten eingeholt. Als aussagekräftig werden hierbei in erster Linie solche Befunde und Beurteilungen eingeschätzt, bei denen "wissenschaftlich anerkannte" Verfahren Anwendung finden (z. B. im Rahmen der Begutachtung durch eine Universitätsklinik bzw. -zahnklinik oder durch einen anderen von der Zahnärztekammer empfohlenen - vgl. § 5 Abs. I b HeilBerG NRW - Sachverständi-

gen). In dem Gutachten wird dann die Feststellung getroffen, auch in diesem Fall habe sich der naturwissenschaftliche Nachweis, daß Amalgam oder das in ihm gebundene Quecksilber Ursache der Erkrankung sei, nicht führen lassen. Ergänzend erfolgen ggf. Untersuchungen, die klären sollen, was denn an Stelle des Amalgams Krankheitsursache sei. Nicht selten werden diese Patienten dann - mangels organischer Befunde bei den angewendeten Untersuchungsverfahren - dem Psychiater vorgestellt. *Müller-Fahlbusch / Wöhning (1983 S. 665 - 669)* berichten von 29 solcher Vorkommnisse allein in der Universitätszahnklinik Münster. Der Psychiater weiß nun durch die Vorgaben von seinen zahnmedizinischen Kollegen zunächst einmal, daß Amalgamfüllungen unschädlich seien *(Müller-Fahlbusch 1986 S. 87; ders. 1984 S. 137)* und daß, wer eine andere Ansicht vertritt, nicht "bereit ist, sich an die Prinzipien wissenschaftlichen Denkens zu halten" *Müller-Fahlbusch / Wöhning 1983 S. 666 li. Sp.).* Dementsprechend muß er, will er sich nicht selbst eines Verstoßes gegen diese Prinzipien bezichtigen, des weiteren feststellen: "In keinem Fall aber konnten die angeschuldigten Amalgamfüllungen als ursächlich für die Beschwerden erkannt werden" *(Müller-Fahlbusch / Wöhning 1983 S. 666 re. Sp.).*

Die Diskrepanz zwischen den Beschwerden und dem Ergebnis der organischen Untersuchung wird daraufhin bereits als Indiz für das Vorliegen einer psychischen Komponente gewertet *(Müller-Fahlbusch / Wöhning 1983 S. 666 - 667; Müller-Fahlbusch 1987 S. 289 - 290).*

Da der Verlauf einer chronischen Silberamalgambelastung in der wissenschaftlichen Klinik und Pathophysiologie unbekannt ist und sich von den dortigen Vorstellungen über eine Unschädlichkeit des Amalgams grundlegend unterscheidet, ist nach Ansicht von Müller-Fahlbusch *(Müller-Fahlbusch / Wöhning 1983 S. 666; Müller-Fahlbusch 1985 S. 66)* auch das zweite Kriterium erfüllt.

Drittens prüft der Psychiater, ob das Ausbohren der Amalgamfüllungen Auswirkungen auf die Beschwerden des Patienten hatte. Bei sämtlichen 29 Patienten der Studie in Münster kam es zu solchen Auswirkungen, und zwar in

1 Fall zu einer Heilung,

28 Fällen zu einer Verschlimmerung. Eine solche Verstärkung der Symptomatik nach dem Ausbohren der Füllungen ist im Fall einer toxischen Belastung mit Amalgam als Krankheitsursache - mangels einer gleichzeitg durchgeführten Ausschwemmtherapie - durchaus plausibel erklärbar *(vgl. dazu u. a. Rost 1976 S. 5)*. Denn bei dem Ausbohren einer Amalgamfüllung entstehen Quecksilberdämpfe in der Mundhöhle von bis zu 800 $\mu g/m^3$ *(Friberg et al. 1986 S. 519)*. Dies entspricht dem 8 fachen des MAK-Werts. Hiermit ist für den Patienten eine zusätzliche Quecksilberaufnahme von ca. 160 μg verbunden *(Brune 1986 S. 170; Reinhardt et al. 1979 S. 2005)*.

> Diese erneute Quecksilberbelastung kann, soweit nicht gleichzeitig eine Eliminierungstherapie erfolgt, Verschlimmerungen der Symptome verursachen, die bereits während der Amalgamversorgung der Zähne entstanden sind.

Dem Psychiater und Neurologen Professor Müller-Fahlbusch sind diese Zusammenhänge allerdings fremd. Er sieht trotz dieser Auswirkungen der Amalgamentfernung auf die Symptomatik bei den Patienten keinen sachlichen Zusammenhang zwischen Amalgam und der Erkrankung. Insbesondere verneint er diesen Zusammenhang in dem Fall der Heilung der Beschwerden nach Amalgamentfernung. Hier sei ein "lebenslanges Kränkeln" gegeben, "so daß von nervenärztlicher Seite eine abnorme Entwicklung des Gesundheitsempfindens zu diagnostizieren war" (*Müller-Fahlbusch / Wöhning 1983 S. 667*). Auf diese Weise gelangt der Psychiater zu der Ansicht, daß auch sein drittes Kriterium (die Erfolglosigkeit von Maßnahmen, die sich bei somatischen Leiden als wirksam gezeigt haben, *Müller-Fahlbusch 1985 S. 66*) erfüllt ist.

"Wenn man bei einem Patienten eine ungewöhnliche Art vorfindet, die Beschwerden und Leiden vorzutragen", ist nach Ansicht von *Professor Müller-Fahlbusch (1985 S. 66)* auch sein viertes Kriterium für das Vorliegen einer psychischen Komponente erfüllt.
Eine zeitliche Koinzidenz oder Konkordanz von Beginn oder Verlauf der Beschwerden mit einem erwünschten, unerwünschten oder auch wertfreien

(Müller-Fahlbusch / Wöhning 1983 S. 668) Ereignis in der Biographie des Patienten - z. B. Veränderungen in der Wohnwelt, in der Arbeitswelt oder in der Familienstruktur, so auch eine konfliktfreie Verlobungssituation *(Müller-Fahlbusch 1978 S. 114 - 115)* - führt dazu, daß auch das fünfte und letzte Kriterium erfüllt ist *(Müller-Fahlbusch 1987 S. 295; ders. 1985 S. 66)*.

Sind drei oder vier dieser Kriterien gegeben, so reicht dies nach *Professor Müller-Fahlbuschs* Ansicht *(1989 S. 12; ders. 1987 S. 290)* aus, medizinische Beurteilungen abzugeben, die den Patienten zwangsläufig in weitere Bereiche der nicht somatischen Medizin führen.

Aus ganzheitsmedizinischer Sicht war bei dem Autor bereits in einem anderen Zusammenhang die Neigung unverkennbar, die Bedeutung somatisch wirksamer dentogener Störfaktoren zu negieren, vor deren Beseitigung sogar zu warnen und stattdessen die Erkrankung mit "seelischen Störungen" zu erklären *(Reichert 1987 S. 1262)*. Auch ein Patient, der durch amalgambedingte Metallbelastungen erkrankt ist, hat möglicherweise kaum eine Chance, nicht zumindest von drei oder vier der genannten Kriterien des Professors Müller-Fahlbusch erfaßt zu werden. So ist bisher kein einziger Fall bekannt geworden, bei dem - ohne Hinzutreten einer weiteren potentiellen Krankheitsursache - die Ablehnung einer toxischen Amalgamschädigung in der Universitätszahnklinik Münster nicht einherging mit dem oben beschriebenen Ergebnis der Untersuchungen durch Professor Müller-Fahlbusch.

Sämtliche in die Studie der Universitätszahnklinik Münster einbezogenen Patienten, bei denen die Entfernung der Amalgamfüllungen eine Veränderung der Beschwerden (egal ob Heilung oder Verschlimmerung nach erheblich erhöhter Metallaufnahme während des Ausbohrens) zur Folge hatte, wurden Bereichen außerhalb der somatischen Medizin zugewiesen. Leider geben die Autoren nirgendwo Auskunft darüber, in wie vielen dieser Fälle eine solche Behandlung zu einem therapeutischen Erfolg geführt hat.

Diese diagnostische Vorgehensweise ist offensichtlich so häufig und stets mit demselben Ergebnis angewandt worden, daß *Professor Dr. Dr. Knolle* (Mitglied der Arzneimittelkommission Zahnärzte und Vorsitzender der für Amalgam zuständigen Kommission B 9 des Bundesgesundheitsamts) einschränkungslos behauptet: "Der Patient, der unter einer Amalgamfüllung leidet, ist krank im psychologischen Sinne" *(1988 a S. 859)*.

Demnach bedarf es innerhalb der wissenschaftlichen Medizin auch keiner Untersuchung am Patienten mehr, und nicht einmal einige der Kriterien des Professors Müller-Fahlbusch müssen erfüllt sein. Schon die Äußerung, durch Amalgam (bzw. durch Metallbelastungen als Folge von Amalgam) erkrankt zu sein, reicht nach dieser Auffassung für die Diagnose einer Erkrankung "im psychologischen Sinne" aus.

Die Auswirkungen einer derartigen Behauptung, die *Professor Dr. Dr. Knolle* auch über das

Fernsehen verbreitet *(22.3.1988 b, ARD, Sendung "Report", Sendemanuskript S. 6)*, können gravierend sein. Dies weiß jeder, der z. B. als Arzt, als Zahnarzt oder als Familienangehöriger mit den von einer toxischen Amalgamschädigung betroffenen Patienten in Kontakt steht. In ihrer Lage bestehen beträchtliche Schwierigkeiten, die Fragwürdigkeit derart pauschaler Ferndiagnosen gegenüber der Krankenkasse, gegenüber dem Amtsarzt, gegenüber weiteren Behörden und ggf. vor Gericht zu verdeutlichen.

(c)

Bedrückend an dem Diskussionsstand innerhalb der Schulzahnmedizin ist, daß nicht einmal die erste Voraussetzung für derart weittragende Behauptungen des Professors Dr. Dr. Knolle gegeben ist: Der verläßliche Ausschluß einer Krankheitsursächlichkeit des Amalgams bei den untersuchten Patienten. Noch nachdem Professor Müller-Fahlbusch, als Psychiater und Neurologe in der Universitätszahnklinik Münster tätig, die 29 Patienten weiteren Stationen außerhalb der somatischen Medizin überwiesen hatte, erklärte *Professor Marxkors*, ebenfalls Universitätszahnklinik Münster und ebenfalls an der genannten Studie beteiligt *(Müller-Fahlbusch / Wöhning 1983 S. 666)*, für den von ihm vertretenen Bereich der wissenschaftlich anerkannten Untersuchungsverfahren:

"Es gibt praktisch keinen Test, mit dem man diagnostizieren kann, ob im Einzelfall eine Sekundärerkrankung von Amalgam verursacht wird"

(Schreiben vom 11.7.1983, Anhang 6).

Es handelt sich hierbei nicht um ein nur singuläres Eingeständnis der Universitätszahnklinik Münster. Auch die Universitätszahnklinik Köln (*Professor Eifinger, Schreiben vom 6.7.1983*) stellte für den Bereich der Universitätsmedizin fest:

"Zu Frage 1 ist zu antworten, daß eine durch Silberamalgam bedingte Gesundheitsschädigung bislang nicht zuverlässig diagnostiziert werden kann."

Ebenso erteilte *Professor Motsch,* Universitätszahnklinik Göttingen, (*Schreiben vom 23.6.1983*) dem Geschäftsführenden Direktor der Medizinischen Klinik der Universität Göttingen Professor Creutzfeldt, zum schulmedizinischen Wissensstand die Auskunft:

"Frage eins ... wäre also dahingehend zu beantworten, daß es keine wissenschaftlich anerkannte Untersuchungsmethode gibt, mit der eine Gesundheitsschädigung durch Quecksilber-Amalgam zuverlässig diagnostiziert werden kann - mit Ausnahme einer Quecksilber-Allergie."

Hieran hat sich bis heute nichts geändert, vgl. das bereits zitierte *Schreiben des* Präsidenten der Deutschen Gesellschaft für Zahn-, Mund- und Kieferheilkunde *Professor Nolden* (Universitätszahnklinik Bonn) *vom 11.12.1989, Anhang 5 S. 7 - 8.*
Und dieses Fehlen einer ausreichenden Diagnostik innerhalb der wissenschaftlich anerkannten Untersuchungsverfahren ist der Grund dafür, daß Fälle toxischer Schädigungen durch Silberamal-

gam beim Bundesgesundheitsamt, bei den zahnärztlichen Standesorganisationen und Universitäts(zahn)kliniken aus dortiger Sicht nicht bekannt sind. Aus der Nichterweislichkeit (mit "wissenschaftlich anerkannten" Verfahren) wird die Nichtexistenz abgeleitet. Angesichts der offiziell eingestandenen Unzulänglichkeit der angewendeten Diagnostik ist dies keine wissenschaftlich haltbare Argumentationsweise.

Insbesondere würde es nachdenklich stimmen, wenn Patienten, bei denen Ärzte außerhalb der Klinik Amalgamschäden als Krankheitsursache diagnostiziert haben, im Rahmen von behördlichen oder gerichtlichen Verfahren zur Untersuchung beispielsweise in der Universitätszahnklinik Münster aufgefordert werden, dort mit unzureichenden Verfahren "sorgfältig untersucht" *(Müller-Fahlbusch / Wöhning 1983 S. 666)* werden und auf Grund des vorhersehbaren Untersuchungsergebnisses anschließend als "krank im psychologischen Sinne" *(Knolle 1988 a S. 859)* gelten sollten.

(d)

Bisher ist lediglich ein einziger Fall bekannt, bei dem ein Patient ein sich aus seiner Amalgamschädigung ergebendes juristisches Anliegen vor Gericht erfolgreich durchsetzen konnte.
Nach Ablehnung des vom zweitinstanzlichen Gericht berufenen Gutachters (eines Universitätsprofessors der Zahnmedizin) wegen Befangenheit bestand der Patient darauf, vor der Untersuchung durch einen weiteren vom Gericht berufe-

nen Sachverständigen (ebenfalls Universitätsprofessor, Nicht-Zahnmediziner) Auskunft darüber zu erhalten, anhand welcher Verfahren geklärt werden solle, ob Ursache seiner Erkrankung eine toxische Amalgamschädigung war. Das Gericht ersparte es dem Gutachter, diese Frage zu beantworten, und ordnete die Erstellung eines Gutachtens nach Aktenlage (d. h. ohne Untersuchung durch den Sachverständigen) an. Mehr als ein Jahr nach der Beauftragung dieses Sachverständigen war das Gutachten fertig. Es orientierte sich auf seinen 81 Seiten im wesentlichen an der offiziellen Version der Amalgamdiskussion. Binnen einiger Monate konnte das Gutachten widerlegt werden, so daß das Gericht am Ende dieses mehr als sechsjährigen Gerichtsverfahrens das Klagebegehren des Patienten als begründet ansah.

Das Gericht vermied es jedoch, ein Urteil zu sprechen, aus dem sich ergeben hätte, daß toxische Amalgamschäden möglich sind. Vielmehr legte es der beklagten Krankenkasse nahe, den Anspruch in vollem Umfang anzuerkennen. Dies hatte zur Folge, daß das Verfahren im Herbst 1988 durch ein Anerkenntnis der Beklagten *(Anhang 7)* und nicht durch ein Urteil beendet wurde.

Es ging in diesem Verfahren um die Kosten für ärztliche Leistungen zur Diagnose und Therapie einer toxischen Belastung mit Amalgam. Die beklagte Krankenkasse hatte sich geweigert, diese Kosten zu tragen, da diese Leistungen mit "nicht wissenschaftlich anerkannten" Verfahren erbracht worden seien. Der Kläger konnte jedoch - gerade auch anhand der Fehlerhaftigkeit des vom Gericht angeforderten Universitätsgutachtens - beweisen, daß innerhalb des Bereichs der "wissenschaftlich anerkannten" Verfahren keine ausreichende Möglichkeit der ärztlichen Hilfe für ihn bestanden hatte. Zwischenzeitlich hat die beklagte Krankenkasse die Kosten nicht nur - entsprechend ihrem Anerkenntnis - für das erste Jahr der Amalgam-Eliminierungstherapie übernommen. Vielmehr hat sie ohne erneute Klage ihres pflichtversicherten Mitglieds auch für weitere sieben Jahre die (notgedrungen privat-) ärztlichen Behandlungskosten erstattet. Außerdem sicherte sie - angesichts der Langwierigkeit möglicher gesundheitlicher Schädigungen durch Amalgam auch nach dem Entfernen der Füllungen - sogar für die Zukunft die Tragung von Kosten für die ärztliche Behandlung unter Einbeziehung "nicht wissenschaftlich anerkannter" medizinischer Leistungen zu.

Ohne eindeutige übereinstimmende Befundberichte verschiedener Ärzte auch aus dem Bereich der "nicht wissenschaftlich anerkannten" Medizin (u. a. Elektroakupunktur nach Dr. Voll) hätte der Patient wahrscheinlich weder das Gericht noch die Krankenkasse von der Notwendigkeit, Zweckmäßigkeit und Wirtschaftlichkeit der Anwendung "nicht wissenschaftlich anerkannter" Verfahren bei der Diagnose und Therapie der toxischen Belastung mit Amalgam in seinem Fall überzeugen können.

Zu der Behauptung einiger Autoren aus dem Bereich der Schul(zahn)medizin, bisher sei kein Fall einer (toxischen) Amalgamschädigung bekannt geworden, ist also _insgesamt_ festzustellen:

Diejenigen Verfahren, die zur Diagnose einer toxischen Amalgamschädigung wertvolle Hinweise bieten können und diese in den betreffenden Fällen auch bereits zahlreich gegeben haben, sind "wissenschaftlich nicht anerkannt". Die "wissenschaftlich anerkannten" Verfahren sind nach Angaben derer, die sie anwenden, ungeeignet zum Nachweis einer Krankheitsursächlichkeit des Amalgams. Und Patienten mit Verdacht auf eine (toxische) Amalgamschädigung wurde vom *Bundesverband der Deutschen Zahnärzte* und von der *Bundeszahnärztekammer (Schreiben vom 18.2.1986 und Protokoll eines Telefonats vom 18.9.1985, beides in Anhang 8 u. 9)* zumindest in der Vergangenheit nicht ein Internist, nicht ein Toxikologe, nicht ein Zahnmediziner als Anlaufstelle genannt, sondern gleich "Prof. Dr. H. Müller-Fahlbusch, Poliklinik für Zahn-, Mund- und Kieferkrankheiten, Waldeyerstraße 40, 4400 Münster" empfohlen; dieser tritt den Patienten als Psychiater und Neurologe gegenüber und ist der festen Überzeugung *(Müller-Fahlbusch / Wöhning 1983 S. 666)*, es sei ein Verstoß gegen "die Prinzipien wissenschaftlichen Denkens", Amalgamschäden überhaupt für möglich zu halten.

Angesichts solcher Gegebenheiten erscheint es nahezu ausgeschlossen, daß vorhandene Fälle toxischer Schädigungen durch Amalgam innerhalb der offiziellen Schul(zahn)medizin als solche erkannt und anerkannt werden. Angaben, wonach "kein einziger Fall" innerhalb der Schul(zahn)medizin bekannt sei, sind demnach ein Beleg weniger für eine generelle Unbedenklichkeit des Amalgams als vielmehr für die Unzulänglichkeit der angewendeten Diagnostik.

Wer als Arzt, als Gutachter oder z. B. auch als Gericht bereit ist, einige weitere z. T. seit Jahrzehnten bewährte Untersuchungsverfahren in die Diskussion um Amalgam einzubeziehen, erkennt: Toxische Amalgamschäden existieren. Sie sind mit geeigneten Verfahren ärztlich diagnostizierbar.

Daher ist auch das dritte Kriterium, anhand dessen die offizielle Version die generelle Unbedenklichkeit toxischer Metallbelastungen durch Amalgam glaubhaft zu machen versucht, hinfällig.

Beweise für eine generelle toxikologische Unschädlichkeit des Amalgams existieren nicht *(Kröncke 1988 S. 111; Naujoks 1985 Sitzungsprotokoll S. 5)*. Wenn die schul(zahn)medizinische Lehre dennoch eine solche Unschädlichkeit behauptet,

- übersieht sie gegebene Schadensmöglichkeiten, z. B. in Form des Mikromerkurialismus (ad 1),

- lenkt sie in unzulässiger Weise ab auf die Quecksilberaufnahme durch die Nahrung (ad 2) und

- stützt sie sich auf ein unzulängliches diagnostisches Vorgehen, das von vornherein die Ermittlung von toxischen Amalgamschädigungen als nahezu ausgeschlossen erscheinen läßt (ad 3).

Gleichzeitig ist deutlich geworden, aus welchen Gründen Krankheitssymptome durch toxische Einwirkungen des Amalgams möglich sind.

II. Abschließende Bewertung und Ausblick

Gesundheitliche Schädigungen durch Amalgam sind möglich. Sie können beispielsweise im Fall der toxischen Belastung u. a. zu den Symptomen des Mikromerkurialismus führen. In der ärztlichen Praxis sind die "wissenschaftlich anerkannten" Verfahren derzeit nicht ausreichend in der Lage, die Ursächlichkeit des Amalgams für Krankheitssymptome nachzuweisen. Inzwischen ist auch vor Gericht bewiesen: Für den jeweils betroffenen Patienten kann es u. U. unentbehrlich sein, bei der Diagnose und ggf. Therapie ärztliche Hilfe auch mit Leistungen außerhalb des Bereichs der z. Zt. "wissenschaftlich anerkannten" Medizin entgegenzunehmen.

Krankenkassen, Behörden und Gerichte wie auch die Angehörigen der betroffenen Patienten sind aufgerufen, diesen Fakten Rechnung zu tragen.

Das bedeutet:

1. Die mit geeigneten Verfahren erstellten ärztlichen Befunde sollten nicht bereits deshalb negiert werden, weil diese Verfahren "nicht wissenschaftlich anerkannt" seien. Von einem amalgamgeschädigten Patienten zu verlangen, die Ursache seiner Erkrankung ausschließlich mit "wissenschaftlich anerkannten" Verfahren zu belegen, kann der Aufforderung zur Quadratur des Kreises gleichkommen.
Zur Absicherung eines Einzelbefundes kommt - wie auch bei den schulmedizinischen Verfahren nicht unüblich - die Kontrolle durch Nachuntersuchungen in Betracht.

2. Wissenschaftliche Ärzte- und Zahnärztegesellschaften sollten unter Einbeziehung der hier beschriebenen Gesichtspunkte klarstellen, unter welchen Voraussetzungen sie den Nachweis einer (insbesondere toxischen) Amalgamschädigung für erbracht halten. Andernfalls besteht die Gefahr, daß sich die jeweilige Begutachtung im Einzelfall in einem Sammeln von Gegenindizien, die es ebenso bei zahlreichen anderen dennoch anerkannten Krankheitsfällen gibt, erschöpft. Es wäre außerordentlich nachteilig für die Betroffenen, wenn bereits daraufhin die letztlich relevante Diagnostik mit den im Hinblick auf eine Amalgamschädigung geeigneten Verfahren auch weiterhin in vielen Fällen unterbleibt.

3. Behörden und Gerichten ist bekannt, daß ein "Beweis" nicht gleichzusetzen ist mit "wissenschaftlich anerkannt". Dies gilt auch bei der Diskussion um Amalgam. Sie ist in der zurückliegenden Zeit gekennzeichnet durch mehrere Irrtümer auf schulzahnmedizinischer Seite, die später von ihr auch als solche erkannt wurden, die sich jedoch zuvor zu Lasten der betroffenen Patienten ausgewirkt haben.

Soweit der "wissenschaftlich anerkannte" Bereich der Medizin auch derzeit keine ausreichende Möglichkeit bietet, eine vorhandene Faktenlage zu belegen, ist dies nicht in jedem Fall einseitig dem Patienten anzulasten. Zu prüfen ist beispielsweise, ob er Nachweise vorlegt, denen von der Kompetenz ihres Autors her, wegen ihrer Nachweisdichte o. ä. eine vergleichbare Aussagekraft zukommt. Gerade weil die Anwender von ausschließlich "wissenschaftlich anerkannten" Verfahren die Unzulänglichkeit bei der Diagnose von Amalgamschäden selbst eingestehen, kann eine Gleichsetzung von Nichterweislichkeit (mit "wissenschaftlich anerkannten" Verfahren) mit Nichtexistenz zu einer nicht sachgerechten, im Ergebnis nicht haltbaren Beweiswürdigung führen.

4. Das Bundesgesundheitsamt sollte klarstellen, daß es durchaus bereit ist, im Rahmen seiner "Nutzen-Risiko-Bewertung" (vgl. § 5 AMG) gesundheitliche Beeinträchtigungen durch Amalgam in Kauf zu nehmen, solange ihm dieses Füllungsmaterial als in der Kassenzahnarztpraxis "unverzichtbar" (*Bundeszahnärztekammer 1988 S. 392*) erscheint (*vgl. zu der Abwägung zwischen therapeutischem Nutzen und gesundheitlichen Risiken auch Ohnesorge 1988 S. 26*).
Damit würde dem verbreiteten Irrtum ein Ende gesetzt, das BGA hätte im Fall nachgewiesener Nebenwirkungen das Amalgam längst verboten.

Je bedeutender der therapeutische Nutzen eines Arzneimittels ist - und der ist bei einem "unverzichtbaren" Arzneimittel allgemein hoch anzusetzen -, desto größere gesundheitliche Nebenwirkungen darf dieses Arzneimittel haben, ohne vom Markt genommen zu werden (*amtliche Begründung zu § 5 AMG, abgedruckt in Sander 1988 § 5 S. 1; Deutsch 1983 S. 262*). Die arzneimittelrechtliche Duldung des Amalgams ist also im Zusammenhang mit der Erfolglosigkeit der jahrzehntelangen Forschungen nach einem geeigneten Ersatzmaterial zu sehen. Sie enthält keinesfalls die Aussage, daß (toxische) Nebenwirkungen des Amalgams ausgeschlossen sind.

5. Es wird empfohlen, das Bundesgesundheitsamt möge seine unlängst veröffentlichte Monographie über Amalgam (*Bundesanzeiger Nr. 46 v. 8.3.1988 S. 1019 u. Nr. 209 v. 8.11.1988 S. 4779*) neu schreiben. Das Amt hat zwischenzeitlich zumindest im Hinblick auf die Anwendung von Amalgam bei Schwangeren selbst erkannt, daß in dieser Monographie die toxischen Risiken des Amalgams nur unzureichend ("keine Einschränkungen" bei Schwangeren) aufgeführt sind.

Bei der neuen Monographie sollte das Amt jede Möglichkeit einer interessengebundenen Einflußnahme vermeiden. Das bedeutet auch, daß das Amt - anders als bei der ersten Monographie *(vgl. zu dieser: Anhang 10)* - mit der Erstellung des Monographie-Entwurfs nicht erneut einen Mitarbeiter der Bayer AG Leverkusen beauftragt, die selbst Hersteller von zahnärztlichem Amalgam ist *(Anhang 11)*.

6. Den betroffenen Amalgamgeschädigten sollte es in Zukunft leichter, d. h. nicht erst nach einem langjährigen Gerichtsverfahren, möglich sein, eine behördliche oder gerichtliche Entscheidung zu erreichen, aus der sich der Grund ihrer Erkrankung ergibt.

Übergeordnete Gründe des Gemeinwohls wie die Finanzierbarkeit der zahnärztlichen Behandlung in unserem Krankenversorgungssystem mögen aus der Sicht mancher in den Behörden Verantwortlicher für eine Beibehaltung des Amalgams sprechen. Es fragt sich jedoch, inwieweit dieser rein finanzielle Gesichtspunkt gegenüber dem Ziel der Gesunderhaltung des Karies-Patienten auch nach Anwendung eines zahnärztlichen Füllungsmaterials ausschlaggebend sein kann. Fraglich ist auch, ob dieser Gesichtspunkt angesichts der finanziell ebenfalls belastenden Behandlung von Amalgamfolgeschäden überhaupt zutrifft.

Auf keinen Fall jedoch sollte die Situation derer, bei denen Amalgamfolgen eingetreten sind, verkannt werden. Die Betroffenen haben gesundheitliche sowie z. T. auch schwere berufliche, finanzielle und soziale Schäden erlitten. Es geht nicht an, ihre berechtigten, nicht selten existentiell wichtigen Belange den vermeintlich übergeordneten finanziellen Gesichtspunkten des Gemeinwohls zu opfern - etwa mit der Folge, daß die Anerkennung einer Amalgamschädigung kaum erreichbar und die Durchsetzung juristischer Anliegen durch Gerichtsurteil so gut wie nicht möglich ist.

Mit diesen Ausführungen soll kein Anreiz zur Einleitung von Gerichtsverfahren z. B. gegen Sozialversicherungsträger oder Zahnärzte gegeben werden. Sie sind vielmehr als Hinweis darauf gedacht, welche Schwierigkeiten den Betroffenen über ihre gesundheitliche Lage hinaus derzeit noch entgegenstehen. Sie mögen gleichzeitig eine Anregung für Entscheidungsträger bieten, die Belange von betroffenen Patienten fair zu würdigen und zu einer sachgerechten Entscheidung zu gelangen.

III. Literaturverzeichnis

Abraham, J. E., C. W. Svare, C. W. Frank: The effect of dental amalgam restorations on blood mercury levels; Journal of Dental Research 63 (1984) 71 - 73

Adam, K., P. Jönck, H. Gattner, E. Zirngiebl: Quecksilber; in: Ullmanns Encyklopädie der technischen Chemie, Bd. 19, 4. Aufl., Verlag Chemie, Weinheim 1980, S. 643 - 671

Alsen-Hinrichs - Priv.-Doz. Dr. C. Alsen-Hinrichs (Stellv. Direktor der Abteilung Toxikologie des Klinikums der Universität Kiel): fachliche Auskunft vom 25.7.1990

Aoi, T., T. Higuchi, R. Kidokoro, R. Fukumura, A. Yagi, S. Ohguchi, A. Sasa, H. Hayashi, N. Sakamoto, T. Hanaichi: An association of mercury with selenium in inorganic mercury intoxication; Human Toxicology 4 (1985) 637 - 642

Arzneimittelkommission Zahnärzte: Entwarnung bei Amalgam; Zahnärztliche Mitteilungen 77 (1987) 2812

Ausschuß für Zahnärztliche Berufsausübung: Richtlinien zur Verarbeitung von Quecksilber in der Zahnarztpraxis; Zahnärztliche Mitteilungen 78 (1988) 1037

Baader, E. W.: Quecksilbervergiftung; in: Baader, E. W. (Hrsg.): Handbuch der gesamten Arbeitsmedizin, Bd. II, 1. Teilband, Urban & Schwarzenberg, Berlin 1961, S. 158 - 176

Baader, E. W., E. Holstein, zit. bei Mayer, R.: Zur Toxizität von Quecksilber und / oder Amalgam; Deutsche Zahnärztliche Zeitschrift 35 (1980) 450 - 456

Bader, H., K. Gietzen, H. - U. Wolf (Hrsg.): Lehrbuch der Pharmakologie und Toxikologie, 2. Aufl., VCH Verlagsgesellschaft, Weinheim 1985

Bandmann, H. - J., S. Fregert: Epicutantestung, Springer-Verlag, Berlin 1973

Beratungskommission Toxikologie der Deutschen Gesellschaft für Pharmakologie und Toxikologie: Keine Hg-Vergiftung aus Amalgamfüllungen, Zahnärztliche Mitteilungen 80 (1990) 492 - 493

Berg, P. A., W. Becker, J. Holzschuh, N. Brattig, P. T. Daniel: Lymphozyten-Transformations-Test für die Diagnose der medikamentösen Allergie; Deutsches Ärzteblatt 85 (1988) C-1765 - C-1768

Bergman, M., ref. in: Franz, G.: Sind Korrosionen die Ursache von Allergien? Zahnärztliche Mitteilungen 76 (1986) 372 - 373

Bergman, M.: Side-effects of amalgam and its alternatives: local, systemic and environmental; International Dental Journal 40 (1990) 4 - 10

Berlin, M.: Mercury; in: Friberg, L., F. Nordberg, V. B. Vouk (Hrsg.): Handbook on the toxicology of metals, Bd. II, 2. Aufl., Elsevier, Amsterdam 1986, S. 387 - 445

Bingmann, D., P. Tetsch: Effekte von Amalgam an sensorischen Spinalganglienzellen in der Gewebekultur; Deutsche Zahnärztliche Zeitschrift 42 (1987) 731 - 738

Borinski, P.: Die Herkunft des Quecksilbers in den Ausscheidungen; Zahnärztliche Rundschau 40 (1931) Spalten 221 - 230

Bosse, K.: Quecksilberemission aus Zahnarztpraxen; Korrespondenz Abwasser 35 (1988) 57 - 59

Braun, W.: Epikutantest; in: Werner, M., V. Ruppert (Hrsg.): Praktische Allergiediagnostik, Georg Thieme Verlag, Stuttgart 1985, S. 79 - 100

Brekelmans, F. J. A. M.: Amalgam - die toxische Zeitbombe in unserem Mund; Orthomolekular 2 (1986) Heft 3 S. 5 - 14

Brune, D., D. M. Evje: Initial corrosion of amalgams in vitro; Scandinavian Journal of Dental Research 92 (1984) 165 - 171

Brune, D., D. M. Evje: Man's mercury loading from a dental amalgam; Science of the Total Environment 44 (1985) 51 - 63

Brune, D.: Metal release from dental biomaterials; Biomaterials 7 (1986) 163 - 175

Bundesgesundheitsamt (Professor Dr. Tschöpe): Schreiben vom 17.3.1983 mit Anlage

Bundesgesundheitsamt (Professor Dr. Tschöpe): Schreiben vom 10.8.1983

Bundesgesundheitsamt: Monographie: Amalgame, gamma-2-haltig (Teil I), Bundesanzeiger Nr. 46 v. 8.3.1988 S. 1019; Amalgame, gamma-2-frei (Teil II), Bundesanzeiger Nr. 209 v. 8.11.1988 S. 4779

Bundesgesundheitsamt (Dr. Hagemann): Schreiben vom 27.9.1988

Bundesverband der Deutschen Zahnärzte u. Bundeszahnärztekammer (Dr. Bretschneider): Schreiben vom 18.2.1986 u. Protokoll des Telefonats vom 18.9.1985

Bundesverband der Deutschen Zahnärzte u. Bundeszahnärztekammer (Dr. Bretschneider): Schreiben vom 10.8.1987

Bundeszahnärztekammer: Vorbehalte gegen Pläne zur Amalgamabscheidung; Zahnärztliche Mitteilungen 77 (1987) 2435

Bundeszahnärztekammer: "Amalgam ist nicht giftig und macht nicht krank"; Zahnärztliche Welt/Reform 97 (1988) 392

Burrows, D., ref. in: Franz, G.: Sind Korrosionen die Ursache von Allergien? Zahnärztliche Mitteilungen 76 (1986) 372 - 373

Camner, P., T. W. Clarkson, G. F. Nordberg: Routes of exposure, dose and metabolism of metals; in: Friberg, L., G. F. Nordberg, V. B. Vouk (Hrsg.): Handbook on the toxicology of metals, Bd. I, 2. Aufl., Elsevier, Amsterdam 1986, S. 85 - 127

Cherian, M. G., J. B. Hursh, T. W. Clarkson, J. Allen: Radioactive mercury distribution in biological fluids and excretion in human subjects after inhalation of mercury vapor; Archives of Environmental Health 33 (1978) 109 - 114

Clarkson, T. W., S. Halbach, L. Magos, Y. Sugata: On the mechanism of oxidation of inhaled mercury vapor; in: Bhatnagar, R. S. (Hrsg.): Molecular basis of environmental toxicity, Ann Arbor Science Publishers, Ann Arbor 1980, S. 419 - 427

Cox, S. W., B. M. Eley: The release, tissue distribution and excretion of mercury from experimental amalgam tattoos; British Journal of Experimental Pathology 67 (1986) 925 - 935

Cross, J. D., I. M. Dale, L. Goolvard, J. M. A. Lenihan, H. Smith: Methyl mercury in blood of dentists; Lancet 1978 Bd. II S. 312 - 313

Czech, W., A. Kapp: Erarbeitung von Verfahren zur In-vitro-Diagnostik bei pseudo-allergischen Reaktionen auf Arzneimittel; Allergologie 12 (1989) 467 - 470

Daunderer, M.: Amalgam; Sonderdruck aus: Klinische Toxikologie, 46. Erg.lieferung, ecomed Verlagsgesellschaft, Landsberg 1989

Daunderer, M.: Amalgam vergiftet den Speichel; FORUM des Praktischen und Allgemein-Arztes 29 (1990) 21 - 23

Der Allergiker (Leserbrief, ohne Verf.angabe): Allergieausweis schützt - wen? (1988) Heft 1 S. 30

Dérand, T., B. Johansson: Corrosion of non-γ_2-amalgams; Scandinavian Journal of Dental Research 91 (1983) 55 - 60

Dérand, T.: Test of long-term corrosion of dental amalgams; Scandinavian Journal of Dental Research 94 (1986) 253 - 258

Dérand, T.: Mercury vapor from dental amalgams, an in vitro study; Swedish Dental Journal 13 (1989) 169 - 175

Descotes, J.: Immunotoxicologie of drugs and chemicals, Elsevier, Amsterdam 1986

Deutsch, E.: Arztrecht und Arzneimittelrecht, Springer-Verlag, Berlin 1983

Deutsche Gesellschaft für Zahn-, Mund- und Kieferheilkunde: Amalgam macht nicht krank; Zahnärztliche Mitteilungen 78 (1988) 862

Deutsche Gesellschaft für Zahn-, Mund- und Kieferheilkunde (Professor Dr. Menzel): Schreiben vom 16.8.1989

Deutsche Gesellschaft für Zahn-, Mund- und Kieferheilkunde (Professor Dr. Nolden): Schreiben vom 11.12.1989

Diehl, W.: Flammenlose atomabsorptionsspektrographische Untersuchungen über die Abgabe von Quecksilber aus Silberzinn- und Kupferamalgamfüllungen in Flüssigkeiten, Dissertation, Tübingen 1974

Diesch, B.: Chronische Quecksilbervergiftung in der zahnärztlichen Praxis; Zahnärztliche Praxis 15 (1964) 49 - 52

Djerassi, E., Berova, N.: The possibilities of allergic reactions from silver amalgam restorations; International Dental Journal 19 (1969) 481 - 488

Djerassi, E.: Fokalallergie und Sensibilisierungsvermögen des Organismus; Österreichische Zeitschrift für Stomatologie 67 (1970) 31 - 34

Edwards, T., B. C. McBride: Biosynthesis and degradation of methylmercury in human faeces; Nature 253 (1975) 462 - 464

Eggleston, D. W.: Effect of dental amalgam and nickel alloys on T-lymphocytes: Preliminary report; Journal of Prosthetic Dentistry 51 (1984) 617 - 623

Eggleston, D. W., M. Nylander: Correlation of dental amalgam with mercury in brain tissue; Journal of Prosthetic Dentistry 58 (1987) 704 - 707

Eifinger - Professor Dr. F. F. Eifinger (Universitäts-Zahn- und Kieferklinik Köln): Schreiben vom 6.7.1983

Elger, C. E.: Referat auf dem zweiten Amalgamsymposium am 12.3.1984 in Köln, abgedr. in: Institut der deutschen Zahnärzte (Hrsg.): Amalgam - Pro und Contra, Deutscher Ärzte-Verlag, Köln 1988, S. 169 - 172

Ewers, U., H. - W. Schlipköter: Aufnahme, Verteilung und Ausscheidung von Metallen und Metallverbindungen; in: Merian,

E. (Hrsg.): Metalle in der Umwelt, Verlag Chemie, Weinheim 1984, S. 209 - 217

Fawer, R. F., Y. de Ribaupierre, M. P. Guillemin, M. Berode, M. Lob: Measurement of hand tremor induced by industrial exposure to metallic mercury; British Journal of Industrial Medicine 40 (1983) 204 - 208

Forschungsinstitut für die zahnärztliche Versorgung: Amalgamfüllungen sind toxikologisch unbedenklich; Praxis-Kurier 20 (1982) Heft 35 S. 23

Forth, W.: Quecksilberbelastung durch Amalgam-Füllungen? Deutsches Ärzteblatt 87 (1990) C-302 - C-303

Fredén, H., L. Helldén, P. Milleding: Mercury content in gingival tissues adjacent to amalgam fillings; Odontologisk Revy 25 (1974) 207 - 209

Fredin, B.: Studies on the mercury release from dental amalgam fillings; Swedish Journal of Biological Medicine (1988) Heft 3 S. 8 - 14

Friberg, L.: Risk assessment; in: Friberg, L., G. F. Nordberg, V. B. Vouk (Hrsg.): Handbook on the toxicology of metals, Bd. I, 2. Aufl., Elsevier, Amsterdam 1986, S. 269 - 293

Friberg, L., L. Kullman, B. Lind, M. Nylander: Kvicksilver i centrala nervsystemet i relation till amalgamfyllningar; Läkartidningen 83 (1986) 519 - 522

Friberg, L., J. Vostal: Mercury in the environment, CRC-Press, Cleveland 1972

Gall, H.: Allergien auf zahnärztliche Werkstoffe und Dentalpharmaka; Hautarzt 34 (1983) 326 - 331

Gasser, F.: Amalgam in Klinik und Forschung; Schweizerische Monatsschrift für Zahnheilkunde 82 (1972) 62 - 85

Gasser, F.: Aktuelles über Amalgamschädigungen; Zahnärzteblatt Baden-Württemberg 4 (1976 a) 64 - 65 u. 86 - 88

Gasser, F.: Neue Untersuchungsergebnisse über Amalgam; Quintessenz 27 (1976 b) Heft 12 S. 47 - 53

Gasser, F.: Allergische Patientenreaktionen auf zahnärztliche Behandlungen und Materialien; Quintessenz 34 (1983) 1035 - 1044

Gasser, F.: Amalgame; in: Gasser, F., H. U. Künzi, G. Henning: Metalle im Mund, Quintessenz Verlag, Berlin 1984, S. 143 - 165

Gasser, F.: Allergische Reaktionen auf Amalgam; Deutsche Zeitschrift für Biologische Zahnmedizin 4 (1988) 4 - 9

Gay, D. D., R. D. Cox, J. W. Reinhardt: Chewing releases mercury from fillings; Lancet 1979 Bd. I S. 985 - 986

Geis-Gerstorfer, J., K. - H. Sauer: Vergleichende In-vitro-Untersuchung zu Verfärbungen und zum Massenverlust korrodierter Amalgame; Deutsche Zahnärztliche Zeitschrift 41 (1986) 1266 - 1271

Gerstner, H. B., J. E. Huff: Clinical toxicology of mercury; Journal of Toxicology and Environmental Health 2 (1977) 491 - 526

Goldschmidt, P. R., R. B. Cogen, S. B. Taubman: Effects of amalgam corrosion products on human cells; Journal of Periodontal Research 11 (1976) 108 - 115

Grasser, H.: Experimentelle Untersuchungen über Potentialdifferenzen durch Metallegierungen, insbesondere durch noch nicht erhärtete Amalgame; Zahnärztliche Welt/Reform 59 (1958) 479 - 480, 486

Greenwood, M. R., R. Von Burg: Quecksilber; in: Merian, E. (Hrsg.): Metalle in der Umwelt, Verlag Chemie, Weinheim 1984, S. 511 - 539

Gronemeyer, W.: Arzneimittelallergie, einschließlich Serumkrankheit; in: Hansen, K., M. Werner (Hrsg.): Lehrbuch der klinischen Allergie, Georg Thieme Verlag, Stuttgart 1967, S. 441 - 474

Günther, Horst: Zahnarzt, Recht und Risiko, Carl Hanser Verlag, München 1982

Halbach, S.: Amalgamfüllungen aus toxikologischer Sicht; Zahnärztliche Mitteilungen 79 (1989) 2335 - 2336

Halbach, S.: Quecksilber-Exposition und ihre Folgen; Deutsches Ärzteblatt 87 (1990) C-298 - C-301

Hamilton, E. I., J. Minski: Abundance of the chemical elements in man's diet and possible relations with environmental factors; Science of the Total Environment 1 (1972 / 1973) 375 - 394

Hanson, M.: Amalgam - hazards in your teeth; Orthomolecular Psychiatry 12 (1983) 194 - 201

Hartlmaier, K. M.: Kein Gift aus der harmlosen "Plombe"; medizin heute 26 (1975) Heft 3 S. 36 - 37

Heidemann, D.: Amalgamfüllung; in: Ketterl, W. (Hrsg.): Zahnerhaltung II (Praxis der Zahnheilkunde Bd. 3), 2. Aufl., Urban & Schwarzenberg, München 1987, S. 161 - 193

Heidemann, D.: Amalgam ist nicht gefährlich; medizin heute 39 (1988) Heft 5 S. 30

Heintze, U., S. Edwardsson, T. Dérand, D. Birkhed: Methylation of mercury from dental amalgam and mercuric chloride by oral streptococci in vitro; Scandinavian Journal of Dental Research 91 (1983) 150 - 152

Hellwig, E., V. Stachniss, H. Duschner, J. Klimek, B. Herzogenrath: Quecksilberabgabe aus Silberamalgamfüllungen in vitro; Deutsche Zahnärztliche Zeitschrift 45 (1990) 17 - 19

Henschler, D.: Allgemeine Grundlagen zur Abschätzung von Risiken, Festlegung von MAK-Werten; in: Merian, E. (Hrsg.): Metalle in der Umwelt, Verlag Chemie, Weinheim 1984, S. 253 - 261

Henschler, D.: Wichtige Gifte und Vergiftungen; in: Forth, W., D. Henschler, W. Rummel: Allgemeine und spezielle Pharmakologie und Toxikologie, 5. Aufl., Bibliographisches Institut & F. A. Brockhaus, Mannheim 1987, S. 739 - 834

Henschler, D.: Gesundheitsschädliche Arbeitsstoffe; 1. - 15. Lieferung, VCH Verlagsgesellschaft, Weinheim 1989, Abschnitt Quecksilber

Herber, R.: Amalgam - illusionäre oder reale Gefährdung? Zahnärztliche Praxis 32 (1981) 504 - 508

Herrmann, D.: Echte Amalgamallergien sind äußerst selten; Ärzte-Zeitung v. 10./11.2.1984 S. 12

Herrmann, D.: Referat auf dem ersten Amalgamsymposium am 25.5.1981 in Köln, abgedr. in: Institut der Deutschen Zahnärzte (Hrsg.): Amalgam - Pro und Contra, Deutscher Ärzte-Verlag, Köln 1988, S. 53 - 55

Herrmann, D.: Referat auf dem zweiten Amalgamsymposium am 12.3.1984 in Köln, abgedr. in: Institut der Deutschen Zahnärzte (Hrsg.): Amalgam - Pro und Contra, Deutscher Ärzte-Verlag, Köln 1988, S. 194 - 197

Hessische Landesanstalt für Umwelt: Rückhaltung von Amalgamabfällen aus Zahnarztpraxen; Schriftenreihe "Umweltplanung und Umweltschutz", Heft 44 (Bearbeiter: H. Töpper), Wiesbaden 1986

Huggins, H. A.: Mercury: A factor in mental disease? Journal of Orthomolecular Psychiatry 11 (1982) 3 - 16

Institut der Deutschen Zahnärzte (Hrsg.): Amalgam - Pro und Contra, Deutscher Ärzte-Verlag, Köln 1988, Anmerkungen der wissenschaftlichen Redaktion, S. 162 - 163 u. 291

Joselow, M. M., D. B. Louria, A. A. Browder: Mercurialism: Environmental and occupational aspects; Annals of Internal Medicine 76 (1972) 119 - 130

Kees, R.: Referat auf dem ersten Amalgamsymposium am 25.5.1981 in Köln, abgedr. in: Institut der Deutschen Zahnärzte

(Hrsg.): Amalgam - Pro und Contra, Deutscher Ärzte-Verlag, Köln 1988, S. 56 - 58

Ketterl, W.: Das Wunder "Zahn"; Zahnärztliche Mitteilungen 74 (1984) 1978 - 1986

Ketterl, W.: Kann Amalgam als Füllungsmaterial heute noch verantwortet werden? Referat auf dem 18. Europäischen Zahnärztlichen Fortbildungskongreß vom 16.2. - 1.3.1986 (20.2.1986 a) in Davos

Ketterl, W.: Kann Amalgam als Füllungsmaterial heute noch verwendet werden? Der Freie Zahnarzt 30 (1986 b) Heft 4 S. 54 - 60

Kittel, H.: Konzentration biologischer Prüfungen; Zahnärztliche Mitteilungen 79 (1989) 515 - 519

Klaschka, F., M. E. Galandi: Allergie und Zahnheilkunde aus dermatologischer Sicht; Deutsche Zahnärztliche Zeitschrift 40 (1985) 364 - 371

Klaschka, F., R. Matzick: Referat auf dem ersten Amalgamsymposium am 25.5.1981 in Köln, abgedr. in: Institut der Deutschen Zahnärzte (Hrsg.): Amalgam - Pro und Contra, Deutscher Ärzte-Verlag, Köln 1988, S. 47 - 52

Klaschka, F.: Diskussionsbeitrag auf dem zweiten Amalgamsymposium am 12.3.1984 in Köln, abgedr. in: Institut der Deutschen Zahnärzte (Hrsg.): Amalgam - Pro und Contra, Deutscher Ärzte-Verlag, Köln 1988, S. 181 - 182

Klötzer, W. T.: Biologische Aspekte der Korrosion; Deutsche Zahnärztliche Zeitschrift 40 (1985) 1141 - 1145

Knappwost, A., E. Gura, D. Fuhrmann, A. Enginalev: Abgabe von Quecksilberdampf aus Dentalamalgamen unter Mundbedingungen; Zahnärztliche Welt/Reform 94 (1985) 131 - 139

Knappwost, A.: Referat auf dem zweiten Amalgamsymposium am 12.3.1984 in Köln, abgedr. in: Institut der Deutschen Zahnärzte (Hrsg.): Amalgam - Pro und Contra, Deutscher Ärzte-Verlag, Köln 1988, S. 136 - 148

Knolle, G.: Amalgam ist voll rehabilitiert; Zahnärztliche Mitteilungen 77 (1987) 2812

Knolle, G.: Interview zum Thema Amalgam, abgedr. in: Zahnärztliche Mitteilungen 78 (1988 a) 859 - 863

Knolle, G.: Fernsehinterview zu der Sendung "Report" am 22.3.1988 b, ARD, Sendemanuskript S. 6

Kramer, F.: Über Strom-Messungen zwischen verschiedenen Metallen im Mund; Zahnärztliche Praxis 18 (1967) 133 - 134

Kramer, F., H. Peesel: Potential-, Strom- und Energiemessungen im Mund; Zahnärztliche Praxis 28 (1977) 332 - 335

Kramer, F.: Referat auf dem zweiten Amalgamsymposium am 12.3.1984 in Köln, abgedr. in: Institut der Deutschen Zahnärzte (Hrsg.): Amalgam - Pro und Contra, Deutscher Ärzte-Verlag, Köln 1988, S. 66 - 77

Kramer, F.: Diskussionsbeiträge auf dem zweiten Amalgamsymposium am 12.3.1984 in Köln, abgedr. in: Institut der Deutschen Zahnärzte (Hrsg.): Amalgam - Pro und Contra, Deutscher Ärzte-Verlag, Köln 1988, S. 108 - 109 u. 175

Kröncke, A., K. Ott, A. Petschelt, K. - H. Schaller, M. Szécsi, H. Valentin: Über die Quecksilberkonzentrationen in Blut und Urin von Personen mit und ohne Amalgamfüllungen; Deutsche Zahnärztliche Zeitschrift 35 (1980) 803 - 808

Kröncke, A.: Wie gefährlich sind Amalgam-Füllungen? Münchener Medizinische Wochenschrift 123 (1981) 909 - 911

Kröncke, A.: Referat auf dem ersten Amalgamsymposium am 25.5.1981 in Köln, abgedr. in: Forschungsinstitut für die zahnärztliche Versorgung (Hrsg.): Zur Frage der Nebenwirkung bei der Versorgung kariöser Zähne mit Amalgam, ohne Verlagsangabe, Köln 1982 a, S. 110 - 118

Kröncke, A.: Zur Toxizität des Amalgams; Deutscher Zahnärztekalender 41 (1982 b) 181 - 182

Kröncke, A., ref. in: Häussermann, E.: Am Amalgam führt (noch) kein Weg vorbei; Zahnärztliche Mitteilungen 74 (1984) 846 - 851

Kröncke, A., ref. in: Zahnärztliche Praxis (Redaktionsbeitrag): Prof. Kröncke: Amalgame sind bis heute nicht zu ersetzen; Zahnärztliche Praxis 36 (1985 a) 500

Kröncke, A., ref. in: Pressestelle der Bayerischen Zahnärzte (C. Schumacher): Stellungnahme zu dem Beitrag von T. Till, D. K. Teherani: "Die Risiken der Zahnfüllungs-Therapie sind zu groß" (Biologische Medizin 14 [1985] 519 - 520); Biologische Medizin 14 (1985 b) 650

Kröncke, A.: Referat auf dem ersten Amalgamsymposium am 25.5.1981 in Köln, abgedr. in: Institut der Deutschen Zahnärzte (Hrsg.): Amalgam - Pro und Contra, Deutscher Ärzte-Verlag, Köln 1988, S. 34 - 40

Kröncke, A.: Diskussionsbeitrag auf dem zweiten Amalgamsymposium am 12.3.1984 in Köln, abgedr. in: Institut der Deutschen Zahnärzte (Hrsg.): Amalgam - Pro und Contra, Deutscher Ärzte-Verlag, Köln 1988, S. 111

Kröncke - Professor Dr. A. Kröncke (Direktor der Poliklinik für Zahnerhaltung und Parodontologie der Universität Erlangen-Nürnberg): Schreiben vom 12.2.1990 und vom 28.2.1990

Kropp, R., J. H. Haußelt: Die Abgabe von Quecksilber aus Dentalamalgamen an Wasser im Vergleich zur Quecksilberaufnahme des Menschen durch die normale Nahrung; Quintessenz 34 (1983) 1027 - 1031

Kuntz, W. D., R. M. Pitkin, A. W. Bostrom, M. S. Hughes: Maternal and cord blood background mercury levels: A longitudinal surveillance; American Journal of Obstetrics and Gynecology 143 (1982) 440 - 443

Kupsinel, R.: Mercury Amalgam Toxicity; Journal of Orthomolecular Psychiatry 13 (1984) 240 - 257

Kurzfassung eines Gutachtens der Universitätszahnkliniken Münster und Mainz über die Verwendung des Amalgams in der zahnärztlichen Praxis, Zahnärztliche Mitteilungen 56 (1966) 315 - 316

Langworth, S., C. - G. Elinder, A. Åkesson: Mercury exposure from dental fillings (I. Mercury concentrations in blood and urine); Swedish Dental Journal 12 (1988) 69 - 70

Lehnert, G.: Metalle und Metalloide; in: Valentin, H., G. Lehnert, H. Petry, G. Weber, H. Wittgens, H. - J. Woitowitz: Arbeitsmedizin, Bd. 2, 3. Aufl., Georg Thieme Verlag, Stuttgart 1985, S. 9 - 45

Liebold, R., H. Raff, K. - H. Wissing: Kommentar zum BEMA-Z, Bd. I, 40. Erg.lieferung, Asgard-Verlag, Sankt Augustin 1988

Lukas, D.: Referat auf dem ersten Amalgamsymposium am 25.5.1981 in Köln, abgedr. in: Institut der Deutschen Zahnärzte (Hrsg.): Amalgam - Pro und Contra, Deutscher Ärzte-Verlag, Köln 1988, S. 41 - 43

Lutz, F. ref. in: Chemische Rundschau (ohne Verf.angabe) v. 16.2.1990 S. 2: Amalgam schon bald ersetzen

Mahaffey, K. R.: Toxicity of lead, cadmium and mercury: Considerations for total parenteral nutritional support; Bulletin of the New York Academy of Medicine 60 (1984) 196 - 209

Marxkors, R.: Elektrochemische Vorgänge an metallischen Fremdstoffen in der Mundhöhle, Habilitationsschrift, Münster 1964

Marxkors, R., E. Piepenstock: Die Wirkung von Halogenionen auf die Deckschichten von Amalgamfüllungen; Deutsche Zahnärztliche Zeitschrift 23 (1968) 193 - 197

Marxkors, R.: Korrosionserscheinungen an Amalgamfüllungen und deren Auswirkungen auf den menschlichen Organismus (Teil II: Auswirkungen der elektrochemischen Vorgänge auf den menschlichen Organismus); Das Deutsche Zahnärzteblatt 24 (1970) 117 - 127

Marxkors - Professor Dr. R. Marxkors (Poliklinik und Klinik für Zahn-, Mund- und Kieferkrankheiten der Universität Münster): Schreiben vom 11.7.1983

Marxkors, R., H. Meiners, D. Vos: Zur galvanischen Korrosion von Amalgamen; Deutsche Zahnärztliche Zeitschrift 40 (1985) 1137 - 1140

Masuhara - Professor Dr. E. Masuhara (Japan Institute of Advanced Dentistry, Tokio), Schreiben vom 14.7.1986, auszugsweise abgedr. in: Institut der Deutschen Zahnärzte (Hrsg.): Amalgam - Pro und Contra, Deutscher Ärzte-Verlag, Köln 1988, S. 286 - 287

Mayer, R.: Untersuchungen zum Quecksilberdampfgehalt der Luft bei der Verarbeitung von Silber-Zinn-Quecksilber-Legierungen in der zahnärztlichen Praxis, Habilitationsschrift, Tübingen 1971

Mayer, R.: Arbeitshygienische Untersuchungen bei der Verarbeitung von Silber-Zinn-Quecksilberlegierungen am zahnärztlichen Arbeitsplatz; Deutsche Zahnärztliche Zeitschrift 30 (1975) 181 - 188

Mayer, R.: Zur Toxizität von Quecksilber und/oder Amalgam; Deutsche Zahnärztliche Zeitschrift 35 (1980) 450 - 456

Mayer, R., K. Gantner: Oberflächen-Vermessungen von Amalgamfüllungen im Hinblick auf mögliche Quecksilberintoxikation; Deutsche Zahnärztliche Zeitschrift 35 (1980) 1073 - 1074

Mayer, R., A. Grützner, H. Marsidi: Gesundheitsgefährdende Quecksilberdämpfe und ihre Adsorption mittels eines Luftfiltergerätes; Quintessenz 35 (1984) 2147 - 2153

Mayer, R.: Gesudheitliche Gefahren durch Quecksilber bzw. dessen Legierung mit Metallen (Amalgame); in: Eichner, K. (Hrsg.): Zahnärztliche Werkstoffe und ihre Verarbeitung, Bd. 2, 5. Aufl., Hüthig Verlag, Heidelberg 1985, S. 59 - 75

Mayer, R.: Referat auf dem zweiten Amalgamsymposium am 12.3.1984 in Köln, abgedr. in: Institut der Deutschen Zahnärzte (Hrsg.): Amalgam - Pro und Contra, Deutscher Ärzte-Verlag, Köln 1988, S. 117 - 122

McNeil, N. I., H. C. Issler, R. E. Olver, O. M. Wrong: Domestic Metallic Mercury Poisoning; Lancet 1984 Bd. I S. 269 - 271

Meiners, H.: Elektrische Erscheinungen an metallischen Füllunjjgen; Zahnärztliche Welt/Reform 93 (1984) 38 - 47

Meiners, H.: Prophylaxe und Werkstoffkunde; Zahnärztliche Welt/Reform 94 (1985) 792 - 798

Mocke, W.: Untersuchungen durch Neutronenaktivierung über den diffundierten Elementgehalt von Zähnen mit Amalgamfüllungen; Deutsche Zahnärztliche Zeitschrift 26 (1971) 657 - 664

Möller, H., Å. Svensson: Metal sensitivity: positive history but negative test indicates atopy; Contact Dermatitis 14 (1986) 57 - 60

Motsch, A.: Phantomkurs der Konservierenden Zahnheilkunde, 2. Aufl., Göttingen 1971

Motsch - Professor Dr. A. Motsch (Klinik und Poliklinik für Zahn-, Mund- und Kieferheilkunde der Universität Göttingen): Schreiben vom 23.6.1983

Müller, L., F. K. Ohnesorge: Vorkommen, Bedeutung und Nachweis von Quecksilber; in: Aurand, K., U. Hässelbarth, W. Schumacher, G. von Nieding, W. Steuer (Hrsg.): Die Trinkwasserverordnung, 2. Aufl., Erich Schmidt Verlag, Berlin 1987, S. 242 - 253

Müller-Fahlbusch, H.: Der psychisch Kranke in der zahnärztlichen Praxis; Deutscher Zahnärztekalender 37 (1978) 108 - 115

Müller-Fahlbusch, H., T. Wöhning: Psychosomatische Untersuchung der mit Amalgamfüllungen in Verbindung gebrachten Beschwerden; Deutsche Zahnärztliche Zeitschrift 38 (1983) 665 - 669

Müller-Fahlbusch, H.: Krise in der Wissenschaft - Krise in der Medizin? Zahnärzteblatt Baden-Württemberg 12 (1984) 137 - 140

Müller-Fahlbusch, H.: Die psychogene Prothesenunverträglichkeit; Zahnärzteblatt Baden-Württemberg 13 (1985) 64 - 67

Müller-Fahlbusch, H.: Was heißt "wissenschaftlich" in Medizin und Zahnheilkunde? Zahnärztliche Praxis 37 (1986) 86 - 90

Müller-Fahlbusch, H.: Psychosomatik; in: Hupfauf, L. (Hrsg.): Totalprothesen (Praxis der Zahnheilkunde Bd. 7), Urban & Schwarzenberg, München 1987, S. 285 - 302

Müller-Fahlbusch, H.: Unklare extraorale oder intraorale Beschwerden - ein Fall für die Herdtherapie oder für die Psychosomatik; Vortrag anläßlich der zahnärztlichen Ostseewoche, Timmendorfer Strand, Juni 1989, Manuskript

Naganuma, A., Y. Ishii, N. Imura: Effect of administration sequence of mercuric chloride and sodium selenite on their fates and toxicities in mice; Ecotoxicology and Environmental Safety 8 (1984) 572 - 580

Naujoks, R.: Sachverständigengutachten vom 21.5.1985 für das Landgericht Ulm, Az.: 1 O 215/83 - 01

Naujoks, R.: Aussage als gerichtlich bestellter Sachverständiger am 27.6.1985 in der mündlichen Verhandlung vor dem Landgericht Ulm, Az.: 1 O 215/83 - 01, Sitzungsprotokoll S. 5 u. 9

Nebenführer, L., S. Korossy, E. Vincze, M. Gózony: Mercury allergy in Budapest; Contact Dermatitis 10 (1984) 121 - 122

Nilsson, B., B. Nilsson: Mercury in dental practice (II. Urinary mercury excretion in dental personnel); Swedish Dental Journal 10 (1986) 221 - 232

Nordberg, G. F., J. Parizek, G. Pershagen, L. Gerhardsson: Factors influencing effects and dose-response relationships of metals; in: Friberg, L., G. F. Nordberg, V. B. Vouk (Hrsg.): Handbook on the toxicology of metals, Bd. I, 2. Aufl., Elsevier, Amsterdam 1986, S. 175 - 205

Nylander, M., L. Friberg, B. Lind: Mercury concentrations in the human brain and kidneys in relation to exposure from dental amalgam fillings; Swedish Dental Journal 11 (1987) 179 - 187

Nylander, M., L. Friberg, D. Eggleston, L. Björkman: Mercury accumulation in tissues from dental staff and controls in relation to exposure; Swedish Dental Journal 13 (1989) 235 - 243

Ochel, M., H. - W. Vohr, E. Gleichmann: Zum Mechanismus der gesteigerten IgE-Synthese nach Belastung mit dem Umweltschadstoff Quecksilber (Hg); Projektträger Umwelt- und Klimaforschung der GSF; in: Projektträgerschaft Forschung im Dienste der Gesundheit in der Forschungsanstalt für Luft- und Raumfahrt (Hrsg.): Allergische Erkrankungen; Materialien zur Gesundheitsforschung Bd. 12, Schriftenreihe zum Programm der Bundesregierung Forschung und Entwicklung im Dienste der Gesundheit, Wissenschaftsverlag, Bonn 1990, S. 110 - 111

Ohnesorge, F. K.: Referat auf dem ersten Amalgamsymposium am 25.5.1981 in Köln, abgedr. in: Institut der Deutschen Zahnärzte (Hrsg.): Amalgam - Pro und Contra, Deutscher Ärzte-Verlag, Köln 1988, S. 22 - 26

Olstad, M. L., R. I. Holland, N. Wandel, A. Hensten Pettersen: Correlation between amalgam restorations and mercury concentrations in urine; Journal of Dental Research 66 (1987) 1179 - 1182

Osterhaus, E.: Problematik der Verwendung toxikologischer Untersuchungsergebnisse in der forensischen Medizin; Der Medizinische Sachverständige 65 (1969) 117 - 120

Ott, K. H. R., F. Loh, A. Kröncke, K. - H. Schaller, H. Valentin, D. Weltle: Zur Quecksilberbelastung durch Amalgamfüllungen; Deutsche Zahnärztliche Zeitschrift 39 (1984) 199 - 205

Ott, K. H. R., T. Krafft, A. Kröncke, K. - H. Schaller, H. Valentin, D. Weltle: Untersuchungen zum zeitlichen Verlauf der Quecksilberfreisetzung aus Amalgamfüllungen nach dem Kauen; Deutsche Zahnärztliche Zeitschrift 41 (1986) 968 - 972

Ott, K. H. R., J. Vogler, A. Kröncke, K. - H. Schaller, H. Valentin, D. Weltle: Quecksilberkonzentrationen im Blut und Urin vor und nach dem Legen von Non-τ_2-Amalgamfüllungen; Deutsche Zahnärztliche Zeitschrift 44 (1989) 551 - 554

Patterson, J. E., B. G. Weissberg, P. J. Dennison: Mercury in human breath from dental amalgams; Bulletin of Environmental Contamination and Toxicology 34 (1985) 459 - 468

Peesel, H., F. Kramer: Amalgam, Mundbatterien und das Grundsystem, Pfeiffer Verlag, Hersbruck 1982

Penzer, V.: Amalgam toxicity: Grand deception; International Journal of Orthodontics 24 (1986) 21 - 24

Pilz, W.: Therapie der Hartgewebeschäden; in: Pilz, W., C. H. Plathner, H. Taatz: Grundlagen der Kariologie und Endodontie, 3. Aufl., Carl Hanser Verlag, München 1980, S. 343 - 430

Pilz, M. E. W.: Praxis der Zahnerhaltung und oralen Prävention, Carl Hanser Verlag, München 1985

Porcher, H.: Essentielles Spurenelement Selen - Geeignet auch zur Krebs-Prävention? Ärztliche Praxis 42 (23.1.1990) 12 - 14

Priefer, H.: Abwasserbelastung durch Quecksilber aus zahnärztlichen Amalgamen; Deutsche Zahnärztliche Zeitschrift 39 (1984) 328 - 329

Radics, J., H. Schwander, F. Gasser: Die kristallinen Komponenten der Silberamalgam-Untersuchungen mit der elektronischen Röntgenmikrosonde; Zahnärztliche Welt/Reform 79 (1970) 1031 - 1036

Raue, H.: Therapieresistenz: Denken Sie an die Zahnfüllung! Ärztliche Praxis 32 (1980) 2303 - 2309

Raue, H.: Können Amalgamfüllungen allgemeine Krankheitserscheinungen hervorrufen? Deutsche Zeitschrift für Biologische Zahn-Medizin 2 (1986) 16 - 21

Rauen, H. M.: Biochemisches Taschenbuch, 2. Aufl., Springer-Verlag, Berlin 1964

Rebel, H. - H.: Ist die Verwendung des Amalgams als Füllungswerkstoff noch berechtigt? Deutsche Zahnärztliche Zeitschrift 10 (1955) 1588 - 1594

Reckort, H. - P.: Die konservierende Zahnheilkunde kann auf Amalgam noch nicht verzichten; Zahnärztliche Mitteilungen 78 (1988) 843

Reichert, P.: Mehr im "Ganzen" denken! Zahnärztliche Mitteilungen 77 (1987) 1262

Reinhardt, J. W., D. B. Boyer, D. D. Gay, R. Cox, C. W. Frank, C. W. Svare: Mercury vapor expired after restorative treatment: Preliminary study; Journal of Dental Research 58 (1979) 2005

Reis, L.: Die Spurenelemente im menschlichen Körper und ihre Bedeutung, Dissertation, Erlangen 1960

Rheinwald, U.: Beiträge zur Elektrobiologie der Mundhöhle (VIII.: Mundkrankheiten durch elektrische Elemente); Zahnärztliche Welt 8 (1953) 31 - 32

Rheinwald, U., H. Mayer: Die Wahrheit über das Problem der galvanischen Elemente im Mund (III.: Betrachtet vom Standpunkt des Physikers); Zahnärztliche Mitteilungen 42 (1954) 838 - 840

Rheinwald, U.: Bioelektrische Metallwirkungen in der Mundhöhle (Beiträge zur Elektrobiologie der Mundhöhle XI.); Österreichische Zeitschrift für Stomatologie 53 (1956) 519 - 526

Rheinwald, U.: Herdwirkung zahnärztlich verwendeter Materialien; Zahnärztliche Praxis 13 (1962) 257 - 258

Riethe, P.: Zur Frage der Nebenwirkung bei der Versorgung kariöser Zähne mit Amalgam (Gutachten); in: Forschungsinstitut für die zahnärztliche Versorgung (Hrsg.): Zur Frage der Nebenwirkung bei der Versorgung kariöser Zähne mit Amalgam, ohne Verlagsangabe, Köln 1982, S. 17 - 80

Riethe, P.: Amalgam-Gutachten 1985; in: Institut der Deutschen Zahnärzte (Hrsg.): Amalgam - Pro und Contra, Deutscher Ärzte-Verlag, Köln 1988, S. 209 - 281

Ring, A.: Das Gesundheitsrisiko vom Amalgamen; Zahnärztliche Praxis 37 (1986) 426 - 427

Ring, J.: Angewandte Allergologie, 2. Aufl., MMV Medizin Verlag, München 1988

Rossiwall, B., H. Newesely: Metallimprägnation und Ultrastruktur menschlichen Dentins unter Amalgamfüllungen; Österreichische Zeitschrift für Stomatologie 74 (1977) 42 - 60

Rost, A.: Amalgamschäden; Zahnärztliche Praxis 27 (1976) Sonderdruck aus Heft 20

Ruf, I.: Problematik der Versorgung mit zahnärztlichen Metall-Werkstoffen aus allergologischer Sicht; Der Freie Zahnarzt 33 (1989) Heft 3 S. 46 - 56

Sander, A.: Arzneimittelrecht, 14. Erg.lieferung, Verlag W. Kohlhammer, Stuttgart 1988

Sauer - Dr. rer. nat. K. - H. Sauer (Max-Planck-Institut Düsseldorf): Schreiben vom 12.12.1989

Sauerwein, E.: Zahnerhaltungskunde, 5. Aufl., Georg Thieme Verlag, Stuttgart 1985

Schiele, R.: Referat auf dem ersten Amalgamsymposium am 25.5.1981 in Köln, abgedr. in: Forschungsinstitut für die zahnärztliche Versorgung (Hrsg.): Zur Frage der Nebenwirkung bei der Versorgung kariöser Zähne mit Amalgam, ohne Verlagsangabe, Köln 1982, S. 92 - 109

Schiele, R., M. Hilbert, K. - H. Schaller, D. Weltle, H. Valentin, A. Kröncke: Quecksilbergehalt der Pulpa von ungefüllten und amalgamgefüllten Zähnen; Deutsche Zahnärztliche Zeitschrift 42 (1987 a) 885 - 889

Schiele, R., ref. in: Zahnärztliche Mitteilungen (Redaktionsbeitrag): Quecksilber in Organen - ist Amalgamfüllung schuld? 77 (1987 b) 1815

Schiele, R.: Untersuchungen zum Quecksilbergehalt von Gehirn und Nieren in Abhängigkeit von Zahl und Zustand der Amalgamfüllungen; Kurzfassung (maschinenschriftlich) zum Referat auf dem zweiten Amalgamsymposium am 12.3.1984 in Köln, datiert: Erlangen, den 24.2.1984

Schiele, R.: Referat auf dem ersten Amalgamsymposium am 25.5.1981 in Köln, abgedr. in: Institut der Deutschen Zahnärzte (Hrsg.): Amalgam - Pro und Contra, Deutscher Ärzte-Verlag, Köln 1988, S. 27 - 33

Schiele, R.: Referat auf dem zweiten Amalgamsymposium am 12.3.1984 in Köln, abgedr. in: Institut der Deutschen Zahnärzte (Hrsg.): Amalgam - Pro und Contra, Deutscher Ärzte-Verlag, Köln 1988, S. 123 - 131

Schiele, R.: Diskussionsbeitrag auf dem zweiten Amalgamsymposium am 12.3.1984 in Köln, abgedr. in: Institut der Deutschen Zahnärzte (Hrsg.): Amalgam - Pro und Contra, Deutscher Ärzte-Verlag, Köln 1988, S. 152

Schiele, R.: Interview: Neue Untersuchungsergebnisse: Amalgam unbedenklich, abgedr. in: medizin heute 40 (1989) Heft 11 S. 50 - 51

Schiele, R., A. Kröncke: Quecksilber-Mobilisation durch DMPS (Dimaval$^{(R)}$) bei Personen mit und ohne Amalgamfüllungen; Zahnärztliche Mitteilungen 79 (1989) 1866 - 1868

Schlegel, H.: Maximale Arbeitsplatzkonzentrationen gesundheitsschädlicher Arbeitsstoffe (MAK); in: Moeschlin, S.: Klinik und Therapie der Vergiftungen, 7. Aufl., Georg Thieme Verlag, Stuttgart 1986, S. 44 - 100

Schmitt, K.: Galvanische Elemente im Mund und ihre Folgen für den Organismus; Zahnärztliche Praxis 6 (15.5.1955) 9 - 10

Schneider, V.: Untersuchungen über die Quecksilberabgabe aus Silber-Amalgam-Füllungen mit Hilfe der flammenlosen Atomabsorption, Dissertation, Frankfurt a. M. 1976

Schnitzer, J. G.: Nie mehr Zahnweh! 4. Aufl., Schnitzer-Verlag, St. Georgen (ohne Jahresangabe)

Schrauzer, G. N.: Selen - Wirkungsspektrum eines essentiellen Spurenelementes; Forschung und Praxis (Wissenschafts-Journal der Ärzte-Zeitung) 7 (1989) Nr. 46 S. 7 - 11

Schulz, K. - H.: Diskussionsbeitrag auf dem zweiten Amalgamsymposium am 12.3.1984 in Köln, abgedr. in: Institut der Deutschen Zahnärzte (Hrsg.): Amalgam - Pro und Contra, Deutscher Ärzte-Verlag, Köln 1988, S. 189

Schwickerath, H.: Werkstoffe in der Zahnheilkunde, Quintessenz Verlag, Berlin 1977

Seeger, R.: Toxische Schwermetalle in Pilzen; Deutsche Apotheker Zeitung 122 (1982) 1835 - 1843

Senatskommission zur Prüfung gesundheitsschädlicher Arbeitsstoffe (Deutsche Forschungsgemeinschaft): Maximale Arbeitsplatzkonzentrationen und Biologische Arbeitsstofftoleranzwerte 1989, VCH Verlagsgesellschaft, Weinheim 1989

Slaby, J.: Zwischen sinnlos und gefährlich...; der articulator Nr. 26 (1988) S. 21 - 23

Smetana, R., V. Meisinger, W. Sperr, O. Jahn: Quecksilberkonzentrationen im Blut bei Zahnärzten, zahnärztlichem Hilfspersonal und Probanden mit Amalgamfüllungen; Zentralblatt für Arbeitsmedizin, Arbeitsschutz, Prophylaxe und Ergonomie 35 (1985) 232 - 235

Smetana, R., W. Sperr, V. Meisinger: Zahnärztliche Verwendung von Amalgam und Blut-Quecksilber-Belastung; Zeitschrift für Stomatologie 83 (1986) 585 - 589

Smetana, R., W. Sperr, V. Meisinger: Die Wertigkeit von Amalgamfüllungen als kausaler Faktor der Quecksilberintoxikation; Arbeitsmedizin - Sozialmedizin - Präventivmedizin 22 (1987) 265 - 267

Socialstyrelsens Expertgrupp: Report summary and answers to the questions raised by the National Board of Health and Welfare; zu beziehen bei: The National Board of Health and Welfare, Linnégatan 87 - 89, S-10630 Stockholm, Schweden

Söremark, R., K. Wing, K. Olsson, J. Goldin: Penetration of metallic ions from restorations into teeth; Journal of the Prosthetic Dentistry 20 (1968) 531 - 540

Spreng, M.: Über Probleme von Nebenwirkungen durch Amalgam-Zahnfüllungen; Medizinische Welt 14 (1963 a) 1797 - 1800

Spreng, M.: Allergie und Zahnmedizin, 2. Aufl., Johann Ambrosius Barth Verlag, Leipzig 1963 b

Stanford, J. W., ref. in: Franz, G.: Sind Korrosionen die Ursache von Allergien? Zahnärztliche Mitteilungen 76 (1986) 372 - 373

Stock, A.: Die Wirkung von Quecksilberdampf auf die oberen Luftwege; Naturwissenschaften 23 (1935) 453 - 456

Störtebecker, P.: Mercury poisoning from dental amalgam, Störtebecker Foundation for Research, Stockholm 1985

Störtebecker, P.: Mercury poisoning from dental amalgam through a direct nose-brain transport; Lancet 1989 Bd. I S. 1207

Strassburg, M., F. Schübel: Generalisierte allergische Reaktion durch Silberamalgamfüllungen; Deutsche Zahnärztliche Zeitschrift 22 (1967) 3 - 9

Strubelt, O., R. Schiele, C. - J. Estler: Zur Frage der Embryotoxizität von Quecksilber aus Amalgamfüllungen; Zahnärztliche Mitteilungen 78 (1988) 641 - 646

Sugita, M.: The biological half-time of heavy metals; International Archives of Occupational and Environmental Health 41 (1978) 25 - 40

Suzuki, T., T. Miyama, H. Katsunuma: Mercury contents in the red cells, plasma, urine and hair from workers exposed to mercury vapour; Industrial Health 8 (1970) 39 - 47

Svare, C. W., L. C. Peterson, J. W. Reinhardt, D. B. Boyer, C. W. Frank, D. D. Gay, R. D. Cox: The effect of dental amalgams on mercury levels in expired air; Journal of Dental Research 60 (1981) 1668 - 1671

Thielemann, K.: Die Wahrheit über das Problem der galvanischen Elemente im Mund (I. Aus der Sicht des Stomatologen); Zahnärztliche Mitteilungen 42 (1954) 835 - 837

Thommen, D. H.: Amalgam-Invasion aus der Kavität in das Dentin- und Pulpa-Gewebe, Dissertation, Zürich 1972

Thomsen, J.: Die Belastung durch metallische dentale Werkstoffe; in: Voll, R. (Hrsg.): 25 Jahre Elektroakupunktur nach Voll (EAV) und Medikamententestung (MT), Medizinisch Literarische Verlagsgesellschaft, Uelzen 1982 S. 152 - 169

Thomsen, J.: Odontogene Herde und Störfaktoren, Medizinisch Literarische Verlagsgesellschaft, Uelzen 1985

Till, T., K. Maly: Zum Nachweis der Lyse von Hg aus Silber-Amalgam von Zahnfüllungen; Der Praktische Arzt 32 (1978) 1042 - 1056

Till, T., K. Maly: Fachgutachtliche Beurteilung einer Arbeit von Kröncke et al.: "Über die Quecksilberkonzentrationen in Blut und Urin von Personen mit und ohne Amalgamfüllungen"; Der Praktische Arzt 35 (1981) 1837 - 1843

Tölg, G.: Reine Produkte, Reine Umwelt - Reines Gewissen? Saladruck, Berlin 1987

Tölg, G., zit. in: Buchbesprechung zu Till, Th.: Keine Zahngesundheit ohne Ausschaltung der Fehler in der Ernährung und Therapie; ohne Verf.angabe, Biologische Medizin 17 (1988) 201 - 202

Trakhtenberg, I. M.: Chronic effects of mercury on organisms, U. S. Government Printing Office, Washington 1974

Treuenfels, H. von: Stellungnahme zur Originalarbeit von R. Schiele, M. Hilbert, K. - H. Schaller, D. Weltle, H. Valentin, A. Kröncke: "Quecksilbergehalt der Pulpa von ungefüllten und amalgamgefüllten Zähnen" (Deutsche Zahnärztliche Zeitschrift 42 [1987] 885 - 889); Deutsche Zeitschrift für Biologische Zahnmedizin 4 (1988) 3

Ullmann, C.: Der Amalgam-Streit geht in die nächste Runde; Naturheilpraxis 34 (1981) 1407 - 1432

Umweltbundesamt: Umwelt- und Gesundheitskriterien für Quecksilber, Erich Schmidt Verlag, Berlin 1980

Uschatz, J.: Geben Amalgame Quecksilber ab? Dissertation, Bern 1952

Utt, H. D.: "Mercury breath"... How much is too much? Journal of the California Dental Association 12 (1984) Heft 2 S. 41 - 45

Veron, C., H. F. Hildebrand, P. Martin: Amalgames dentaires et allergie; Journal de Biologie Buccale 14 (1986) 83 - 100

Vimy, M. J., F. L. Lorscheider: Intra-oral air mercury released from dental amalgam; Journal of Dental Research 64 (1985 a) 1069 - 1071

Vimy, M. J., F. L. Lorscheider: Serial measurements of intra-oral air mercury: Estimation of daily dose from dental amalgam; Journal of Dental Research 64 (1985 b) 1072 - 1075

Vimy, M. J., A. J. Luft, F. L. Lorscheider: Estimation of mercury body burden from dental amalgam: Computer simulation of a metabolic compartmental model; Journal of Dental Research 65 (1986) 1415 - 1419

Vimy, M. J., F. L. Lorscheider: Letter to the Editor; Journal of Dental Research 66 (1987) 1289 - 1290

Wardenbach, P., E. Lehmann: MAK-Wert - Bedeutung und Anwendung in der Praxis; Schriftenreihe der Bundesanstalt für Arbeitsschutz, 5. Aufl., Wirtschaftsverlag NW, Dortmund 1987

Weichardt, H.: Gewerbetoxikologie und Toxikologie der Arbeitsstoffe; in: Amberger-Lahrmann, M., D. Schmähl (Hrsg.): Gifte - Geschichte der Toxikologie, Springer-Verlag, Berlin 1988, S. 197 - 252

White, R. R., R. L. Brandt: Development of mercury hypersensitivity among dental students; Journal of the American Dental Association 92 (1976) 1204 - 1207

WHO - World Health Organisation: Mercury, Genf 1976

Wirth, K. - Professor Dr. K. Wirth (Institut für Pharmakologie der Universität Düsseldorf): Schreiben vom 5.3.1990

Wirth, W., C. Gloxhuber: Toxikologie, 4. Aufl., Georg Thieme Verlag, Stuttgart 1985

Wolff, H. H., ref. in: Prager, I.: Internationales Symposium "Neue Trends in der Allergologie", Juli 1985; Selecta 27 (1985) 3554 - 3564

Wüthrich, B.: Orale Provokationsproben bei Nahrungsmittel- und Begleitstoffallergien und Intoleranzen ("Pseudo-allergischen Reaktionen"); in: Werner, M., V. Ruppert (Hrsg.): Praktische Allergiediagnostik, 4. Aufl., Georg Thieme Verlag, Stuttgart 1985, S. 151 - 164

Zahnärztekammer Hamburg: (Pressestelle der Hamburger Zahnärzteschaft): Schreiben vom 26.10.1983

Zahnärztliche Mitteilungen (Redaktionsbeitrag): Ehrungen und Preise der DGZMK; 71 (1981) 1300

Zahnärztliche Mitteilungen (Redaktionsbeitrag): Amalgamwarnung; 79 (1989) 2824

Zampollo, A., A. Baruffini, A. M. Cirla, G. Pisati, S. Zedda: Subclinical inorganic mercury neuropathy: neurophysiological investigations in 17 occupationally exposed subjects; Italian Journal of Neurological Sciences 8 (1987) 249 - 254

Zemke, H. - H.: Untersuchungen zur Toxizitätsprüfung von Dentalamalgamen in menschlichen embryonalen Fibroblasten, Dissertation, Düsseldorf 1980

Zentrum zur Dokumentation für Naturheilverfahren: Schreiben vom 12.10.1988 und vom 14.2.1989

Teil B

Literaturdokumentation

Teil B

Literaturdokumentation

Nachweise aus vier Jahrzehnten für das Wissen um Schädigungsmöglichkeiten zumindest im Fall einer fehlerhaften Anwendung des Amalgams

Die folgenden Belegstellen sind einer Literaturübersicht entnommen, die auch in dem bezeichneten sozialgerichtlichen Verfahren vor der Abgabe des Anerkenntnisses der beklagten Krankenkasse *(Anhang 7)* während der zweiten Instanz zu Gericht gereicht worden ist.

"Wie wichtig dieses gewissenhafte Arbeiten ist, darauf kann nicht oft genug und nicht eindringlich genug hingewiesen werden. ...

Eines geht bereits aus diesen wenigen Zeilen hervor, nämlich, daß die konservierenden Maßnahmen an den Zähnen mit zu den verantwortungsvollsten Aufgaben nicht nur der Zahnheilkunde, sondern im Rahmen des ganzen menschlichen Organismus gesehen, auch zu den schwerwiegendsten Problemen der Medizin zählen."

> Prof. Dr. Dr. J. Münch: "Wichtige und strittige Fragen aus dem Gebiet der konservierenden Zahnheilkunde", Zahnärztliche Rundschau 1946 S. 53 - 54

"Hingegen schließen korrekt hergestellte Edelamalgame keine Gefahren in sich (Dieck und Harndt). Voraussetzung ist allerdings, daß die Füllungen unter Einhaltung der einschlägigen Vorsichtsmaßnahmen hergestellt werden ..."

> Prof. Dr. K. Häupl: "Lehrbuch der Zahnheilkunde", Band 1, 2. Aufl., Wien 1953, S. 451

"Unabhängig davon, ob es sich um offene oder geschlossene Elemente in der Mundhöhle handelt, findet also eine mehr oder minder starke Metallionenabgabe in den Organismus statt, je nachdem, um welche Metalle oder Legierungen es sich handelt und in welchem kristallinen und Bearbeitungszustand sie sich befinden. ...

Als weitere Erscheinungen von Metallionenintoxikationen bzw. von Stromschädigungen im Organismus wären noch zu nennen: ... Es ist auch mit ausgesprochenen Fernwirkungen oder allergischen Erscheinungen zu rechnen. ...

Zusammenfassend ist zu dem Problem der Elektrobiologie der Mundhöhle zu sagen, daß die geschilderten möglichen Erkrankungen schon seit langem bekannt sind."

> Dr. Dr. K. Schmitt: "Galvanische Elemente im Mund und ihre Folgen für den Organismus", Vortrag, gehalten auf der Tagung der Gesellschaft für Prothetik und Werkstoffkunde am 26.3.1955 in Mainz,
> Zahnärztliche Praxis v. 15.5.1955 S. 9

"Die Hypothese, daß Amalgame grundsätzlich giftig seien, hat sich nicht halten lassen. ...
Freilich, das muß nachhaltig betont werden, alle diese Voraussetzungen gelten nur dann, wenn das nachweisbar nach wissenschaftlichen Grundsätzen zusammengesetzte und entwickelte Amalgam sachgemäß verarbeitet wird."

> Prof. Dr. H. - H. Rebel: "Ist die Verwendung des Amalgams als Füllungswerkstoff noch berechtigt?", Deutsche Zahnärztliche Zeitschrift 1955 S. 1588 - 1594, 1592

"Wenn in der Zahnheilkunde Amalgame verwendet werden, muß der Verarbeiter darauf bedacht sein, die Bildung von Lokalelementen zu vermeiden, da Korrosion nicht nur eine Zerstörung des Metalls, sondern unter Umständen auch gesundheitliche Schäden bewirkt. ...

Die Verwendung von Amalgamen in einem ihrem edlen Verhalten entsprechenden Umfang ist in der Zahnheilkunde nur dann gerechtfertigt, wenn durch Einhaltung der Arbeitsvorschriften dafür Sorge getragen wird, daß aus ihrer Verwendung örtliche und allgemeine Schäden im Organismus nicht entstehen können."

> Dr. Dr. U. Rheinwald: "Über das edle Verhalten der Amalgame", Deutsche Zahnärztliche Zeitschrift 1955 S. 1608 - 1610, 1609 - 1610

"Örtliche und allgemeine Schädigungen durch zahnärztlich verwendete Metalle sind vielfach beobachtet worden. ...

Praktisches Interesse besitzen deswegen vor allem die Legierungen der Edelmetalle, die sogenannten rostfreien Stahllegierungen und die Amalgame. Das Problem der Amalgamgemische ist in chemisch-physikalischer Hinsicht besonders schwierig zu beurteilen ..."

> Ärztlicher Direktor Dr. Dr. U. Rheinwald: "Bioelektrische Metallwirkungen in der Mundhöhle", Österreichische Zeitschrift für Stomatologie 1956 S. 519 - 526, 519

"Nach einem kurzen einführenden Rückblick weist der Verfasser auf die Giftigkeit der Amalgame bei unrichtiger Verarbeitung hin, um dann die Verarbeitungsvorschrift in Erinnerung zu rufen."

> Dr. J. Haubeil: "Die Amalgamfrage im Blickwinkel des Praktikers",
> Zahnärztliche Welt/Reform 1957 S. 401 - 402, 401

"In den letzten Jahrzehnten sind Krankheitszustände als Folgen von Lokalelementen in der Mundhöhle durch Verwendung unedler und halbedler Metalle und Legierungen beschrieben worden. Die Ursache dafür ist einmal die Weiterentwicklung der Füllmaterialien mit der Verbreitung der Amalgame und die Einführung und Verarbeitung unedler Metalle und Ersatzmaterialien (Thielemann, Loebich). Diese verschiedenen Metalle bilden zusammen mit dem Speichel oder der Gewebsflüssigkeit elektrische Elemente. So können bei Anwesenheit inhomogener oder heterogener Metalle oder Legierungen fortlaufend Metallionen vom Organismus aufgenommen werden und unter Umständen zu chronischen Vergiftungserscheinungen führen. Zum anderen sind durch den Lösungsvorgang mehr oder weniger große Potentialdifferenzen im Munde vorhanden. ...

Galvanische Elemente können in der Mundhöhle pathologische Wirkungen entfalten, einmal durch freiwerdende Schwermetall-Ionen, zum anderen durch elektrische Felder. Aus den verwendeten unedlen Metallen können sich also bei Stromfluß Ionen freimachen, die in gewissen Zellen des Nieren- und Leber-Gallen-Systems zur Metall-Intoxikation, ein Krankheitszustand, der im Schrifttum auch als Metallose bekannt ist, führen können. ...

Galvanische Ströme in der Mundhöhle und dadurch mögliche gesundheitliche Störungen bzw. Erkrankungen sind seit langem bekannt. Sie werden verursacht durch die Vielzahl der in der Mundhöhle verarbeiteten zahnärztlichen Materialien und können neben dem Entstehen von Spannungen auch durch Schwermetallintoxikationen schädlich werden.
Von den untersuchten zahnärztlichen Materialien waren die Messergebnisse des Amalgams auffällig."

> Dr. Dr. H. - H. Grasser: "Experimentelle Untersuchungen über Potentialdifferenzen durch Metallegierungen, insbesondere durch noch nicht erhärtete Amalgame",
> Zahnärztliche Welt/Reform 1958 S. 479 - 486, 479 u. 482

"Bei der Gefährdung der Patienten hat man zwischen den Füllungen aus Cu-Amalgam und den Edelamalgamen zu unterscheiden. Auch hier wird die chronische Hg-Vergiftung durch den in die oberen Luftwege gelangenden Hg-Dampf hervorgerufen, der in diesem Fall von Amalgamfüllungen abgegeben wird und sich der Atmungsluft beimischt. Es kann zu einer Vergiftung kommen, wenn Beschaffenheit, Größe und Lage der Füllungen so sind, daß hinreichende Hg-Dampfmengen in den Atemstrom gelangen ...

Diese Angaben bestätigen die Annahme, daß auch Silberamalgamfüllungen nicht unbedingt harmlos sind und daß sie auffällige Amalgamvergiftungen vielleicht selten, aber sicherlich häufiger leichte Vergiftungsfälle hervorrufen können, die aber dem Betroffenen das Dasein schon gründlich vergällen können."

> Prof. Dr. K. Falck / Prof. Dr. P. Weikart: "Werkstoffkunde für Zahnärzte", 3. Aufl., München 1959, S. 164 - 165

"Eine örtliche Gewebsirritation, die Fernwirkungen hervorruft, wobei diese ganz im Vordergrund stehen, kann durch zahnärztlich verwendetes Material auf folgende Weise ausgelöst werden:
  1. Bei Metallen durch Korrosion: ... Auch bei einem hochwertig edlen Material können aber korrosive Prozesse durch Verarbeitungsfehler ausgelöst werden. So hat Spreng mehrfach allergische Reaktionen auf Grund solcher Korrosionsvorgänge an fehlerhaft verarbeitetem edlem Material beschrieben. Der Angriff auf den Organismus beruht auf der Ionenwanderung, die in einem sogenannten Lokalelement entsteht, einem galvanischen Element, das innerhalb eines metallischen Körpers bei Vorhandensein verschieden edler Stellen zustandekommen kann.
  2. ...
  3. Bei allen in der Mundhöhle befindlichen Fremdstoffen durch elektrische Potentiale, die den physiologischen Potentialen gegenüber wesentlich erhöht sind.
Unsere Untersuchungen hinsichtlich dieser Potentiale, die sich mit geeigneten Apparaturen messen lassen, haben gezeigt, daß an Metallen ... in der Mundhöhle Potentiale gemessen werden können, die bis zum Zehnfachen der physiologischen Werte ansteigen. ...

Die biologische Auswirkung einer solchen hohen elektrostatischen Aufladung erklären wir uns aus der Entstehung eines elektrischen Feldes, in dem vorhandene Ionen gerichtet werden. Diese Ausrichtung kann sich sowohl auf den Elektrolyten als auch auf die in der Umgebung befindlichen Gewebe erstrecken. Ohne Zweifel entstehen bei solchen elektrostatischen Aufladungen unter bestimmten biologischen Veränderungen gelegentlich Spitzen, an denen sich die Potentiale entladen können. Daß solche Entladungen im Bereich des lebenden Gewebes Irritationen herbeizuführen vermögen, dürfte keinem Zweifel unterliegen. Wir haben es uns in der Klinik seit vielen Jahren zur selbstver-

ständlichen Übung gemacht, daß wir in jedem Fall eines Herdverdachts, der uns vom Internisten zur Prüfung der Herdverhältnisse in der Mundhöhle überwiesen wird, nicht nur den Zahn-Kiefer-Bereich überprüfen, sondern auch die zahnärztlich verwendeten Materialien. ... Auf Grund unserer langjährigen Erfahrungen glauben wir heute, zu der Feststellung berechtigt zu sein, daß ein großer Teil der Sanierungserfolge darauf beruht, daß gleichzeitig mit der Entfernung des Zahnes eben auch die zahnärztlich verwendeten Materialien aus der Mundhöhle entfernt worden sind. Der Erfolg der Sanierung ist häufig nicht ein Erfolg durch die Beseitigung vermeintlicher Entzündungsherde, sondern ein Erfolg, der auf der Entfernung chemisch-physikalischer Schädigungen beruht, die durch zahnärztlich verwendete Materialien bedingt sind.
Unter den vom Zahnarzt verwendeten Materialien, die zu einer direkten oder indirekten Schädigung des Organismus führen können, steht das Amalgam an erster Stelle."

> Chefarzt Dr. Dr. U. Rheinwald: "Herdwirkung zahnärztlich verwendeter Materialien",
> Zahnärztliche Praxis v. 1.11.1962 S. 257 - 258, 257

"Das im Amalgam enthaltene Quecksilber ist ein potentes Allergen, das in irgendeiner Form zur Sensibilisierung führen kann. Es gibt in der Hauptsache folgende Korrosionsmöglichkeiten, wobei man unter Metallkorrosion Zersetzungserscheinungen versteht, die durch chemische und vor allem elektrochemische Angriffe von außen an Metallen und Legierungen zustande kommen:

1. Das Amalgam korrodiert von sich aus, wobei Quecksilber abgegeben wird ...
2. ...
3. ...

Diese Korrosionsvorgänge können drei Effekte verschulden:

a) Infolge der Potentialdifferenzen kommt es zur Entstehung feiner elektrischer Ströme, die pathogen wirken können ...
b) Herausgelöste Metallionen können mit Säuren des Speichels Schwermetallsalze bilden, die zu Entzündungen der Mundschleimhaut führen.
c) Werden Metallionen, z. B. Quecksilberionen aus Amalgamen abgegeben, so kann es durch eine Absorption durch die Mundschleimhaut und Koppelung an Eiweiß zu allergischen Reaktionen kommen."

> Prof. Dr. M. Spreng: "Nebenwirkungen durch Amalgam-Füllungen",

Die Quintessenz - Die Monatszeitschrift für den praktizierenden Zahnarzt - Heft 5/1964 Referat-Nr. 2380

"Bemerkenswert ist jedoch, daß das Quecksilber aus dem medizinischen Arzneimittelschatz mehr und mehr verdrängt ist. ... Dies geschah unter der Entwicklung besserer Arzneimittel und vor allem unter dem Eindruck der zahlreichen toxischen und allergischen Nebenwirkungen des Quecksilbers. ...

Wir möchten annehmen, daß das Verhalten des Cu-Amalgams und des Silber-Amalgams sich in biologischer Hinsicht nur quantitativ, jedoch nicht grundsätzlich unterscheidet. ...

... Hg ist wie alle Metalle ein Fermentgift, und eine Intoxikation ist schon mit sehr kleinen Mengen möglich. ...

Es ist also die allergische wie toxische Schädigung, auch in Kombination möglich. ...

In der vorliegenden Arbeit sollten u. a. die Beziehungen zu toxischen Schädigungen aufgezeigt werden, die dann zu erwarten sind, wenn in der Handhabung oder Verarbeitung von Behandlungsstoffen Fehler unterlaufen oder nicht beständige Materialien in der Mundhöhle Verwendung finden."

Dr. G. Knolle: "Allergische Reaktionen durch zahnärztlich verwendete Arzneimittel und Materialien", Deutsche Stomatologie 1966 S. 547 - 558, 554 - 556

"Aus den besten Ausgangslegierungen, welche die Industrie heute liefert, kann jedoch ein schlechtes Amalgam werden, wenn vom Zahnarzt die Verarbeitungsvorschriften nicht lückenlos erfüllt werden. ...

Erst wenn alle Voraussetzungen erfüllt sind, können wir vom Amalgam erwarten, daß es ... möglichst hohe Widerstandsfähigkeit gegen physikalisch-chemische Einflüsse und Unschädlichkeit für die Nachbarschaft und den ganzen Organismus aufweist. ...

... durch Unachtsamkeit oder Unkenntnis der speziellen Schwierigkeiten bei der Verarbeitung könnten gesundheitliche Schäden hervorgerufen werden."

Kurzfassung eines Gutachtens der Universitätszahnklinik Mainz und der Universitätszahnklinik Münster über

die Verwendung des Amalgams in der zahnärztlichen Praxis,
Zahnärztliche Mitteilungen 1966 S. 315 - 316, 315

"Gerade in letzter Zeit wird dem Amalgamproblem wieder vermehrte Beachtung geschenkt. In Abbildung 4 sind die Amalgamnebenwirkungen von 24 Autoren zusammengestellt. ... Heilung stellte sich ein nach der Elimination des Amalgams; dabei dürfte dem Quecksilber im Amalgam die Bedeutung des Allergens zukommen.

Medizinisch betrachtet, stellt sich die Frage, ob das Quecksilber der Zahnamalgame gesundheitsschädlich (Zahnarzt und Hilfspersonal als Verarbeiter oder Patient) sein könnte. Beides ist möglich ..."

Dr. Dr. F. Gasser: "Über Fremdstoffdeponierung im Mund in Forschung und Praxis",
Schweiz. Monatsschrift für Zahnheilkunde 1967 S. 307 - 322, 312 u. 313

"Hohe Stromwerte zwischen verschiedenen Metallen im Mund sind nicht zuletzt auch ein Hinweis dafür, daß der unedle Anteil in der betreffenden Meßkette (also das Silberamalgam) korrodiert. Seine Bestandteile (Hg, Ag, Zn, Cu usw.) gelangen dadurch in den Organismus und machen ihrerseits Störungen. ...
Diese Störungen sollten nicht unterschätzt werden, weil man die Wirkung der geringen Mengen mit den derzeit üblichen Methoden noch nicht messen kann! ...

Um die Strombildung jedoch möglichst niedrig zu halten, sollte man wenigstens nur die hochwertigsten Silberamalgame verwenden, diese genau nach Vorschrift dosieren und anmischen, beim Einbringen in die Kavität gut kondensieren und jeglichen Speichelzutritt nach Möglichkeit vermeiden. Eine sorgfältige Politur darf kein Luxus, sondern muß zwingende Notwendigkeit sein!
Nur wenn man diese Forderungen erfüllt, läßt sich die Verwendung von Silberamalgam als Füllungsmaterial im Mund als Kompromiß bei dem heutigen Stand der konservierenden Zahnheilkunde und bei den derzeitigen sozialen Verhältnissen rechtfertigen."

Dr. F. Kramer: "Über Strom-Messungen zwischen verschiedenen Metallen im Mund",
Zahnärztliche Praxis v. 1.6.1967 S. 133 - 134

"Eigene Untersuchungen zeigten, daß mehrere Amalgamfüllungen im gleichen Munde verschiedene Strukturen aufweisen können, so daß man - wenn Potentialdifferenzen damit verbunden sind - Spurenauflösungen nicht ausschließen kann. ...

Aufgrund der bis jetzt vorliegenden Beobachtungen kann als sicher angenommen werden, daß Sensibilisierungen und allergische Manifestationen durch im Munde vorhandene Amalgame ausgelöst werden können."

> Priv.-Doz. Dr. Dr. F. Gasser: "Nebenwirkungen zahnärztlicher Behandlungsstoffe",
> Fortschritte der Medizin 1968 S. 441 - 444, 443

"Außerdem sollte man entgegen den Vorstellungen der Standesfunktionäre endlich den Mut haben, auch über Schädigungen durch Amalgam offen zu sprechen."

> Dr. W. Schmidt: "Zum Thema: Rheumatismus, Herdlehre und Amalgam",
> Die Quintessenz - Die Monatszeitschrift für den praktizierenden Zahnarzt - Heft 6/1969 Referat-Nr. 3863 S. 4

"Aus den Untersuchungen geht eindeutig hervor, daß infolge der Korrosion eine ständige Hg-Abgabe aus Amalgamfüllungen besteht und dadurch eine Sensibilisierung des Patienten im Bereiche der Möglichkeit liegt."

> Dr. J. Radics / Prof. Dr. H. Schwander / Prof. Dr. Dr. F. Gasser: "Die kristallinen Komponenten der Silberamalgam-Untersuchungen mit der elektronischen Röntgenmikrosonde",
> Zahnärztliche Welt/Reform 1970 S. 1031 - 1036, 1036

"Das Amalgam ist eines der am meisten gebrauchten Füllungsmaterialien ... Wie aus differenzierten Testungen mit den verschiedenen Bestandteilen dieses Materials hervorging, ist das Quecksilber das stärkste sensibilisierende Element. Das Quecksilber ist seit langem durch sein hohes Antigen-Potential bekannt, kann dank seiner leichten Sublimierung über Luftwege und Haut unbemerkt in den Organismus gelangen und seine allergisierende Wirkung ausüben. Leider wird an diese seine Wirkung noch viel zu selten gedacht."

> Dr. E. Djerassi: "Fokalallergie und Sensibilisierungsvermögen des Organismus",
> Österreichische Zeitschrift für Stomatologie" 1970 S. 31 - 34, 34

"Infolge möglicher Schädigungen von Patienten durch Amalgame scheint ein Ausweichen auf die kosmetisch vollwertigen und nicht toxisch wirkenden Kompositionsmaterialien ... angezeigt."

> Prof. Dr. Dr. F. Gasser: "Amalgam in Klinik und Forschung",
> Schweiz. Monatsschrift für Zahnheilkunde 1972 S. 62 - 85, 83

"Verarbeitungsfehler aber und ungenügende Bearbeitung nach dem Abhärten lassen die Möglichkeit zur Bildung von Korrosionserscheinungen entstehen, bei denen einzelne Bestandteile des Amalgams in Lösung gehen und Veränderungen im Organismus bewirken können, sei es im Sinne einer Sensibilisierung oder eines Direktschadens."

> Prof. Dr. Dr. U. Rheinwald: "Zahnärztliche Materialien als Ursache sogenannter Herderkrankungen",
> Zahnärztliche Mitteilungen 1973 S. 577 - 580, 578

"Die Untersuchungen zeigten, daß die korrodierten Randzonen zinnreich, aber quecksilberarm sind. Dies beweist, daß durch das Korrodieren der Amalgamfüllungen Quecksilber abgegeben wird. Durch die ständige Quecksilberabgabe besteht die Gefahr einer dauernden Sensibilisierung des Organismus ..."

> Prof. Dr. Dr. F. Gasser: "Allergien durch zahnärztliche Werkstoffe",
> Arzneimittelallergie - Zeitschrift für Immunitätsforschung, Supplemente Bd. 1, 1974 S. 197 - 202, 199

"Aus den besten Legierungen kann freilich ein schlechtes und gefährliches Amalgam werden, wenn die Verarbeitungsvorschriften nicht lückenlos erfüllt werden."

> Dr. Dr. K. M. Hartlmaier, Schriftleiter der Zeitschrift "Zahnärztliche Mitteilungen" und Leiter der Abteilung für Öffentlichkeitsarbeit des Bundesverbandes der Deutschen Zahnärzte, medizin heute Heft 3 1975 S: 37 - 38, 38

"Die dargelegten Untersuchungsergebnisse erbrachten meines Erachtens den schlüssigen Nachweis, daß auch Silberamalgamfüllungen Quecksilber abgeben, und zwar nicht nur in den Speichel, sondern in sich langsam anreichernder Weise auch in die Zahnwurzel und den Kieferknochen. Es sind Hinweise dafür vorhanden, daß der Weg des Eindringens über das Desmodent erfolgt. Nach langer Liegezeit einer Amalgamfüllung konnten Werte bis über 1200 ppm gemessen werden. Anreicherungswerte in einer derartigen Höhe werden in jeder Toxikologie als äußerst toxisch wirksam bezeichnet. ...

Laut Haberscher Regel haben auch kleinste Konzentrationen eines Giftstoffes, über einen langen Zeitraum einwirkend, einen schwer toxischen Effekt. ...

Auf Grund der vorliegenden Untersuchungsergebnisse erscheint der Nachweis erbracht, daß Quecksilber, aus Amalgamfüllungen herausgelöst, in der Folge zu örtlich meßbaren Hg-Anreicherungen in unserem Kauorgan führen kann. Das in feinster Form gelöste Quecksilber dringt hauptsächlich außen entlang des Zahnes in den Periodontalraum bis in die Zahnwurzel und in den Alveolarkieferknochen ein. ...
... erscheint es dringend geboten, im zahnärztlichen Denken eine diesbezügliche Schädigungsmöglichkeit zu berücksichtigen."

> MR. Prof. Dr. Th. Till / Dr. Dipl.-Ing. K. Maly: "Zum Nachweis der Lyse von Hg aus Silber-Amalgam von Zahnfüllungen",
> Der Praktische Arzt (Wien) 1978 S. 1042 - 1056 (Sonderdruck S. 9)

"Die von uns vor allem auch in der Mundhöhle durchgeführten Untersuchungen haben zumindest den Nachweis erbracht, daß Quecksilber aus Amalgamfüllungen frei wird. Hierbei besteht ein direkter Zusammenhang zwischen der Füllungsoberfläche und der abgegebenen Menge Quecksilber. ...

"... immerhin ein Wert, der die immer wieder auflebende Diskussion zur Problematik von Amalgamfüllungen verständlich erscheinen läßt."

> Prof. Dr. R. Mayer / K. Gantner:
> "Oberflächen-Vermessungen von Amalgamfüllungen im Hinblick auf mögliche Quecksilberintoxikationen",
> Deutsche Zahnärztliche Zeitschrift 1980 S. 1073 - 1074

"Der Stromfluß ist kein reiner Elektronenfluß, sondern bekanntlich ein Ionenfluß mit z. B. Quecksilber, Zinn, Kupfer, etc. als 'Leitmaterial'. ...

Bedenkt man nun noch die große Affinität des Quecksilbers, insbesondere des ionisierten Quecksilbers zum Protein, so wird auch die in vielen Fällen diagnostizierte allergische Diathese verständlich, die sich bei Amalgam-Patienten vielfach einstellt. ...

Die Entfernung des Amalgams allein bringt häufig noch nicht die Gesundung, wie man jetzt verstehen wird. Oft ist ein größerer Sanierungsaufwand erforderlich. Alle Fernwirkungen sind über die Belastung des Grundsystems verständlich und zu beschreiben. ...

Mit der Argumentation von Lukas, 'das Herz kann mit 10 μA und das Gehirn mit 100 μA belastet werden', kommt man bei den Amalgam-Nebenwirkungen nicht weiter. Auch andere Organe können entsprechend mit reinen Elektronenströmen belastet werden, und zwar mit zum Teil wesentlich höheren, als bei Lukas angegeben.

Hört der von Lukas angegebene Elektronenfluß auf, ist auch die Belastung praktisch beendet, und das gesunde Grundsystem regelt diese Irritation aus.

Bei einem Stromfluß mit Metallionen ist das allerdings etwas grundsätzlich anderes, zumal, wenn das entsprechende Metall auch noch eine Affinität zum körpereigenen Protein hat. ...

Diese Ausführungen zeigen, daß das Thema 'Amalgam und seine Nebenwirkungen' nicht durch einen Vergleich mit den täglichen Nahrungsmittelbelastungen als erledigt zu den Akten genommen werden kann."

> Dr. H. Peesel / Dr. F. Kramer:
> "Amalgam, Mundbatterien und das Grundsystem", Hersbruck 1982, S. 10, 11, 12 u. 21

"Die Silberamalgamfüllung ist die Testleistung par excellence der konservierenden Zahnheilkunde. Nach den Regeln der zahnärztlichen Wissenschaft gilt sie trotz zahlreicher Gegenargumente noch immer als ausreichender Kavitätenverschluß auch beim vitalen Zahn - allerdings nur dann, wenn sie nach den Regeln der zahnärztlichen Technik angefertigt ist. Kaum eine andere Maßnahme zieht bei dem kleinsten Sorgfaltsmangel mit vergleichbar hoher Wahrscheinlichkeit den totalen Mißerfolg ... nach sich, wie es bei der Amalgamfüllung der Fall ist. An der scheinbar simplen Behandlungsmaßnahme scheiden sich also die sorgfältigen von den unsorgfältigen Zahnärzten oder die versierten von den nicht (oder noch nicht) versierten. ...

Zur Intoxikation kann es beim Patienten via Amalgamfüllung kommen, bei Mitarbeitern (wie beim Zahnarzt selbst) über eine Kumulation der Quecksilberdampfkonzentration am Arbeitsplatz.

Beide Wege der Risikomanifestation setzen nach herrschender Fachmeinung fehlerhafte Vernachlässigung der Regeln zur Handhabung und Verarbeitung der Amalgamkomponenten und der zusätzlichen Sicherheitsvorschriften ... voraus."

> Prof. Dr. Dr. H. Günther: "Zahnarzt, Recht und Risiko", München 1982, S. 356 u. 574

"Amalgamfüllung - eine Körperverletzung?

Wien (mic). Ein gesetzliches Verbot von Amalgamzahnfüllungen fordert Professor Dr. Thomas Till, Wien, wegen der nicht zu verantwortenden Quecksilber-Schadwirkungen.

Der österreichische Professor für Zahn-, Mund- und Kieferheilkunde Dr. Thomas Till äußerte in Wien gegenüber der ÄRZTE ZEITUNG, es könne sogar sein, daß die iatrogen verursachten Spätschadwirkungen von Amalgamfüllungen als fahrlässige Körperverletzung definiert würden.
Das gebräuchliche Amalgam besteht zu fünfzig Prozent aus Quecksilber. Das hochgiftige Metall löst sich kontinuierlich in kleinsten Mengen aus den Füllungen. Charakteristisch ist das allmähliche Entstehen von Beschwerden, die oft erst nach Jahren in Erscheinung treten."

> ÄRZTE ZEITUNG v. 22.8.1985 S. 1

Der aktuelle Wissensstand wird von Prof. Dr. W. Raab in der "Zeitschrift für Stomatologie", Springer-Verlag, 1985 S. 177, 186, wie folgt beschrieben:

> "Ferner werden in der Mundhöhle noch Metalle zur Zahnfüllung ... eingebracht.
>
> Bei allen Metallegierungen, auch bei Edelmetallegierungen, können jedoch bei unsachgemäßer Verarbeitung Korrosionen auftreten. An solchen Stellen lösen die im Speichel enthaltenen Säuren Metallsalze heraus; neben toxischen Effekten ... ist hier auch die Möglichkeit zur Sensibilisierung gegeben."

Diese Ausführungen sind inbesondere auch für Amalgam gültig. Prof. Raab teilt in seinem Schreiben vom 28.10.1986 hierzu mit:

> "in Beantwortung Ihres geschätzten Schreibens möchte ich festhalten, daß toxische Effekte auch bei Korrodierung von Silberamalgamfüllungen auftreten können. Wieweit die Intoxikation geht, hängt von der Zahl der schlechten (schlecht gewordenen) Füllungen ab. Wegen potentieller Schäden sucht man emsig nach ungiftigen Füllungsmaterialien ..."

Die "Diagnostik der Amalgamintoxikation" und die "Therapie der Amalgamintoxikation" bei mit Silberamalgam behandelten Patienten sind seit Jahren Fortbildungsthema an Zahnärztlichen Fortbildungszentren verschiedener deutscher Zahnärztekammern. Der Kläger hat hierzu bereits acht Nachweise zu Gericht gereicht (Anlagen 3 - 7 zum Schriftsatz vom 28.6.1984, Anlage 3 zum Schriftsatz vom 6.8.1985, Anlage 4 zum Schriftsatz vom 14.11.1985, Anlage 1 zum Schriftsatz vom 3.4.1986).

Aus der Fülle dieser auch zu Gericht gereichten Nachweise ergibt sich:

Die Möglichkeit gesundheitlicher Schädigungen durch Silberamalgam bzw. toxischer Belastungen mit diesem Füllungswerkstoff ist unter fachkundigen Autoren durchaus bekannt. Dies sollte im Interesse der Patienten, insbesondere der von einer Amalgamschädigung bereits betroffenen, auch von zahnärztlicher Seite z. B. vor Behörden und vor Gerichten offen eingestanden werden.

Auskünfte wie die von *Professor Dr. Dr. D. Herrmann, Zahnklinik der Freien Universität Berlin, einem der für Amalgamfragen zuständigen Wissenschaftler (so Professor Dr. Dr. R. Harndt, Schreiben vom 12.10.1983, Anhang 12 S. 1)*:

> "Zu Ihrer Frage kann ich Ihnen nur mitteilen, daß mir kein Hochschullehrer der Zahnmedizin in Deutschland bekannt ist, der vor einem deutschen Gericht Gesundheitsschädigungen durch Silberamalgam in Zahnfüllungen für möglich erklärt hat bzw. diese für möglich zu erklären bereit ist."
>
> *in seinem Schreiben vom 18.10.1983 (Anhang 12 S. 2)*

beeindrucken durch ihre Ehrlichkeit, schockieren aber durch die von ihnen bezeugte gutachtliche Situation vor Behörden und vor Gerichten. Es ist zu hoffen, daß in Zukunft eine eher sachgerechte, eine nicht einseitig beeinflußte Beurteilung von Amalgamrisiken möglich sein wird.

Teil C

Anhang 1 - 12

Nachweise zu einigen der in den Teilen A und B aufgezeigten Gesichtspunkte

Anhang 1

Bundesgesundheitsamt

Bundesgesundheitsamt, Postfach 330013, D 1000 Berlin 33

Frau
█████████████████████████
█████████████████████████
█████████████████████████

L

Bundesgesundheitsamt
Postanschrift:
Postfach 33 00 13
D-1000 Berlin 33
Fernschreiber: 183310
Telefax: (030) 4502 207

Wir bitten, alle Zuschriften an das BGA nicht an Einzelpersonen zu richten.

Ihre Zeichen und Nachricht vom	Gesch. Z.: Bitte bei Antwort angeben	Telefon: (030) 4502 - 0	Berlin
03.08.83	G IV 9-7140-07-████	390	10.08.83

Sehr geehrte Frau ████████,

dem Bundesgesundheitsamt liegen für keine der vier von Ihnen angegebenen Möglichkeiten Meldungen über silberamalgam-bedingte unerwünschte Arzneimittelwirkungen vor.

Mit freundlichen Grüßen
Im Auftrag

[Unterschrift]

Dr. med. E. Tschöpe
Direktor und Professor

███████████   ███████████, den ?.8.1983

An das
Bundesgesundheitsamt
Institut für Arzneimittel
Seestr. 1o

1000 Berlin 65

Hiermit bitte ich das Bundesgesundheitsamt um Auskunft darüber,
ob ihm Anhaltspunkte dafür vorliegen, daß durch Silberamalgam als
Zahnfüllungsmaterial

    1.) bei fachgerechter Verarbeitung
    2.) bei nicht fachgerechter Verarbeitung
       (Fehlen einer Politur, Kontakt mit Goldeinlagen usw.)

leichte bis schwere Gesundheitsschädigungen bei Personen in der
Bundesrepublik Deutschland hervorgerufen worden sind, und zwar

      a) auf Grund einer Allergie gegenüber Silberamalgam
         (Nachweis laut Symposium des Forschungsinstituts
         für die Zahnärztliche Versorgung, Köln 1981, allein
         bei positivem Befund einer Epikutantestung)
      b) auch ohne Vorliegen einer solchen Allergie.

Zur Erleichterung der Bearbeitung lege ich ein Blatt bei, auf
dem die vier in Frage kommenden Möglichkeiten übersichtlich zur
Beantwortung aufgeführt sind.

Herzlichen Dank für Ihre Bemühungen.

                              Mit freundlichen Grüßen

Fragestellung: Liegen dem Bundesgesundheitsamt Anhaltspunkte für leichte bis schwere Gesundheitsschädigungen durch Amalgam bei Personen in der Bundesrepublik vor

1.) bei **fachgerechter** Verarbeitung

    a) auf Grund einer Allergie (Epikutantest mit positivem Befund) ?

    b) ohne Vorliegen einer solchen Allergie?

2.) bei **nicht fachgerechter** Verarbeitung

    a) auf Grund einer Allergie (Epikutantest mit positivem Befund) ?

    b) ohne Vorliegen einer solchen Allergie?

Anhang 2

BDZ Bundesverband der Deutschen Zahnärzte e.V.

Bundeszahnärztekammer

5000 Köln 41, Postfach 410168

Herrn ███████

Verbandsgeschäftsstelle
Universitätsstraße 71
5000 Köln 41 (Lindenthal)
Telefon (0221) 40010
Telefax (0221) 404035
Btx (0221) 404036

Ihr Zeichen, Ihre Nachricht vom	Unser Zeichen, unsere Nachricht vom	Telefondurchwahl	Datum
23.07.1987	Dr.Brt./H.	4001- 212	10.08.1987

Silberamalgam

Sehr geehrter Herr ███████,

wir danken Ihnen für Ihre o.a. Anfrage und können Ihnen dazu folgendes mitteilen:

Die in westeuropäischen Staaten (z.B. Österreich, Schweiz, Skandinavien, Frankreich, Großbritannien) oder in den USA verwendeten Amalgame sind ebenso sicher wie die in der Bundesrepublik Deutschland eingesetzten.

Zu Ihrer Information legen wir das von der Arzneimittelkommission Zahnärzte herausgegebene Merkblatt "Wie sicher ist Amalgam?" bei, das sich in seinen Aussagen auch auf Angaben aus Österreich, Skandinavien und den USA stützt.

Mit freundlichen Grüßen
i.A.

[Unterschrift]
Dr. Bretschneider

Anlage

Deutsche Apotheker- und Ärztebank
Köln, BLZ 370 606 15
Konto Nr. 0150 9900

Dresdner Bank AG Köln
BLZ 370 800 40
Konto Nr. 030 1314 500

Postscheckkonto Köln
BLZ 370 100 50
Konto Nr. 29003-502

Telex 8 883 237 kzbv d
Telegramme
Zahnarztverband Köln

███████████, den 23.7.1987
███████████
███████████

An den
Bundesverband der Deutschen
Zahnärzte e. V.
Universitätsstrasse 71

5000 Köln 41

Sehr geehrte Damen und Herren,

wie in mehreren Veröffentlichungen, die ich gelesen habe, erklärt ist, können Zahnfüllungen aus Silberamalgam trotz ihres Metallgehalts normalerweise nicht zu giftigen Auswirkungen auf den Organismus führen.

Wie ist es aber auf Urlaubs- oder auf längeren Geschäftsreisen? Wenn während dieser Zeit Zahnfüllungsarbeiten nötig sind: Ist es ein grösseres gesundheitliches Risiko, diese Behandlungen beispielsweise in Österreich, in der Schweiz, in Skandinavien oder in den USA ausführen zu lassen als hier in Deutschland? Oder sind die dort eingesetzten Amalgame ebenso sicher wie die bei uns?

Vielleicht liegen Ihnen einige Informationen hierzu vor, die Sie mir dankenswerterweise mitteilen können.

Mit freundlichen Grüssen

Anhang 3

**MEDIZINISCHE EINRICHTUNGEN
DER UNIVERSITÄT DÜSSELDORF**

Postanschrift:
Medizinische Einrichtungen der Universität Düsseldorf
Institut für Pharmakologie
Moorenstraße 5 · 4000 Düsseldorf 1

Frau
████████
████████
████████

Institut für Pharmakologie

Leiter: Prof. Dr. K. Schrör

Universitätsstraße 1, Gebäude 22.21, Ebene 01

Auskunft erteilt
Prof.Dr.med.K.E.Wirth
Telefon (0211) 311-1
Durchwahl (0211) 311-2500/1 2508

Düsseldorf, den 5. 3.1990
Wi/Di

Sehr geehrte Frau ████████,

Ihre Frage nach der Gültigkeit des Haberschen c.t-Produktes für Quecksilberdampf ist zu bejahen.
Quecksilber hat ja einen recht hohen Dampfdruck, was u.a. bedeutet, daß schon eine kleine Menge des Metalls in der Lage ist, sich mit der Atmosphäre eines größeren Raumes ins Gleichgewicht zu setzen, wenn der Luftaustausch gering ist. Bei längerfristiger Einatmung einer derartig mit Quecksilberdampf angereicherten Raumluft muß mit chronischen Vergiftungserscheinungen gerechnet werden.

Die möglicherweise Ihrem Brief zugrundeliegende Frage nach der Toxizität des Quecksilbers in Altlasten (Altdeponien, sogen. wilden Ablagerungen) kann noch nicht endgültig beurteilt werden. Es scheint aber so zu sein, daß im Unterschied zu vielen anderen Schadstoffen Quecksilber und seine Verbindungen noch ein vergleichsweise bescheidenes Übel darstellen. Bisher wurde in der BRD kein Fall bekannt, bei welchem auch im Bereich von Altablagerungen die "vorläufig duldbare tägliche Aufnahmemenge" (= ADI-Wert, festgelegt von der Weltgesundheitsorganisation) von 0,71 µg/kg Körpergewicht (1 µg = 1/1000 mg) nicht eingehalten werden konnte. Der Grenzwert für Quecksilber im Erdreich, der möglichst nicht überschritten werden sollte, beträgt 1 - 1,5 mg/kg Trockenboden (Amtsblatt der EG Nr. L 181/6 v. 4.7.1986). Enthalten Bodenproben mehr als 2 mg Quecksilber/kg Boden, so sind zusätzliche Untersuchungen auch in der weiteren Umgebung einschließlich der dort wachsenden Pflanzen notwendig. Bei einem Quecksilbergehalt von mehr als 10 mg/kg (Trocken-)Boden muß eine Sanierung erfolgen.

Im Hinblick auf den Quecksilbergehalt des Grundwassers gilt eine Grenze von 2 µg/Liter, oberhalb der eine Sanierung durchgeführt werden muß. Für die Gewinnung von Trinkwasser ist eine Quecksilberkonzentration von 0,5 µg/Liter gerade noch tolerierbar.
In Bezug auf den Quecksilbergehalt in Lebensmitteln wurden Richtwerte (Bundesgesetzblatt 29(1), 1986, Seite 22) und Höchstmengen in der sogenannten Schadstoffhöchstmengenverordnung (Liste B, vom 23.3.1988) veröffentlicht.
Schließlich noch ein kurzer Hinweis zu den sogenannten Hintergrundkonzentrationen von Quecksilber in human-biologischen Untersuchungsmaterialien (1987 publiziert), die praktisch als Normalwerte angesehen werden können: im Blut weniger als 3 µg/Liter, im Urin weniger als 5 µg/Liter. Werte von über 10 µg/Liter (Blut) und über 20 µg/Liter (Urin) gelten als überhöht, wobei auf längere Sicht eine Gesundheitsgefährdung nicht auszuschließen ist.

Zu allen diesen Problemen wird in dem kürzlich veröffentlichten Sondergutachten des Rates der Sachverständigen für Umweltfragen mit dem Titel "Altlasten" ausführlich Stellung genommen. Speziell in Ihrem Bereich ist das Institut für Arbeitsmedizin in Dortmund (Direktor: Prof. Bolt) sicher eine weitere gute Informationsquelle.

Ich hoffe, daß diese Angaben für Sie verwendbar sind und verbleibe

mit freundlichen Grüßen

(Prof. Dr. med. K.H. Wirth)

▬▬▬▬▬▬▬▬▬▬▬▬▬▬▬▬ ▬▬▬▬▬▬▬▬▬▬▬, d. 18. Febr. 9o-

Herrn
Professor Dr. Med. Klaus Wirth

Institut für Pharmakologie
Universität Düsseldorf

Moorenstraße 5
4ooo Düsseldorf

Sehr geehrter Herr Professor Wirth !

Dem von Ihnen mitverfaßten und im Thieme - Verlag Stuttgart erschienenen Werk " Toxikologie " habe ich zahlreiche für mich wesentliche Hinweise entnehmen können.

Haben Sie Dank für die inhaltsreiche und verständliche Darstellung dieses Wissenschaftsbereiches.

Als ein großes Entgegenkommen würde ich es empfinden, wenn ich mich zu einem Gesichtspunkt mit einer Frage an Sie wenden dürfte :

$$\text{Gilt die Habersche Regel}$$
$$\text{auch im Hinblick auf Quecksilber,}$$
$$\text{insbesondere Hg - Dampf ?}$$

In Ihrer " Toxikologie " ist das Habersche $c \cdot t$ - Produkt auf Seite 5 dargestellt. Gerade bei flüchtigen Stoffen, die durch Einatmung aufgenommen werden, läßt sich der Vergiftungsgrad im Falle einer niedrigen Konzentration während einer langen Einwirkungszeit verläßlich mit der Formel $c \cdot t$ abschätzen.

M. E. müßte dies auch bei Quecksilberdampf zutreffen. Dies

- 2 -

habe ich allerdings im Deutschen Schrifttum bisher noch nicht ausdrücklich bestätigt gefunden, wohl jedoch im ausländischen Schrifttum.

Daher wäre ich Ihnen sehr dankbar, eine (kurze) Mitteilung hierzu von Ihnen erhalten zu dürfen.

Gerne teile ich Ihnen auf Wunsch auch den Anlaß meiner Fragestellung mit.

Ich hoffe sehr, Sie mit meinem Anliegen zeitlich nicht zu sehr zu beanspruchen.

Mit freundlichen Grüßen !

Anhang 4

Bundesgesundheitsamt

bga

Bundesgesundheitsamt
Postanschrift:
Postfach 33 00 13
D-1000 Berlin 33
TTX-Nr. (17) 308062 BGESA
Telefax: (030) 4502 207

Wir bitten, alle Zuschriften an das BGA nicht an Einzelpersonen zu richten.

Bundesgesundheitsamt, Postfach 330013, D-1000 Berlin 33

Herrn

Ihre Zeichen und Nachricht vom	Gesch.-Z.: Bitte bei Antwort angeben	Telefon: (030) 4502 - 0 Berlin
25.08.1988	G V 8-7251-01-	4502 480 27. 9. 88

Unerwünschte Arzneimittelwirkungen/
Amalgam-Zahnfüllungen

Sehr geehrter Herr ███,

in den letzten Jahren wird die Frage intensiver untersucht, ob durch Amalgam-Zahnfüllungen, die unter anderem Quecksilber enthalten, gesundheitliche Schädigungen ausgelöst werden. Sowohl aus dem In- als auch aus dem Ausland liegen dazu Untersuchungsergebnisse vor, die jedoch nicht einheitlich sind.

Im Auftrag des schwedischen Gesundheitsministeriums hat eine Sachverständigengruppe ein Gutachten erstellt, in dem zu den Risiken einer Exposition geringer Mengen Quecksilber Stellung genommen und gleichzeitig auf die Bedeutung von Quecksilber in der Zahnheilkunde eingegangen wird. Nach Auswertung umfangreicher wissenschaftlicher Literatur und anderer Quellen stellten die Sachverständigen keinen nachweisbaren Zusammenhang zwischen der Anwendung von Amalgam in der Zahnheilkunde und krankhaften Veränderungen fest. Sie betonen jedoch, daß dem Amalgam als Füllungsmaterial bestimmte Mängel anhaften.

Obwohl bis jetzt nicht nachgewiesen ist, daß bei Schwangeren eine größere Anzahl von Amalgam-Füllungen das Ungeborene einer schädigenden Quecksilbereinwirkung aussetzt, empfiehlt die Sachverständigengruppe, daß eine <u>umfangreiche</u> Amalgam-Therapie bei Schwangeren nur mit Zurückhaltung vorgenommen werden soll. Das Bundesgesundheitsamt hat sich dieser Auffassung angeschlossen bzw. beabsichtigt darüber hinausgehend, die Anwendung von Amalgamen in der Schwangerschaft auszuschließen. Darüber hinaus gibt es Berichte darüber, daß in seltenen Fällen bei Patienten, die Amalgam-Füllungen erhalten haben, Überempfindlichkeitsreaktionen gegenüber diesem Zahnfüllungsmaterial aufgetreten sind. In diesen Fällen kann dieser Zahnfüllungswerkstoff nicht weiter verwendet werden.

Das Bundesgesundheitsamt hat im September 1987 eine kurze Mitteilung dazu veröffentlicht, die wir in Kopie beifügen. Diese Mitteilung und die oben gemachten Aussagen sind nach wie vor unser wissenschaftlicher Kenntnisstand. Danach kann ein gesundheitliches Risiko für das Ungeborene nicht mit Sicherheit ausgeschlossen werden.

Mit freundlichen Grüßen
Im Auftrag

Dr. Hagemann

███████, den 4.8.1988

An das
Bundesgesundheitsamt
Institut für Arzneimittel
Postfach 330013

1000 Berlin 33

Sehr geehrte Damen und Herren,

das Bundesgesundheitsamt sprach sich im Jahre 1987 gegen die Verwendung von Silberamalgam (Zahnfüllungsmaterial) bei Schwangeren aus.

Mich würde es interessieren, ob diese Warnung des Bundesgesundheitsamtes fortgilt oder ob (unter welchem Datum) sie aufgehoben worden ist.

Aus einer aktuellen Veranlassung in meinem Bekanntenkreis heraus wäre ich Ihnen für eine Mitteilung dankbar.

Mit freundlichen Grüssen

Anfrage wiederholt am 25.8.1988

Anhang 5

█████████████████████ ███████████, d. 31. July 89

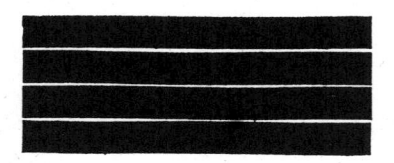

Deutsche Gesellschaft für
Zahn -, Mund - und Kieferheilkunde
Lindemannstr. : 96
4600 Düsseldorf 1

Sehr geehrte Damen und Herren !

In der Zeitschrift " Zahnärztliche Mitteilungen " Heft 8 / 88
S. 862 (siehe Anlage) ist in einer Stellungnahme der Deutschen
Gesellschaft für Zahn -, Mund- und Kieferheilkunde
zu lesen :

" Vielmehr ist es richtig, daß .... trotz höchst empfindlicher Untersuchungsmethoden bis heute in keinem Falle der naturwissenschaftliche Nachweis geführt wurde, daß Amalgam oder das in ihm gebundene Quecksilber die Ursache der Erkrankung sei. "

Hierzu bitte ich in aller Höflichkeit um Auskunft, unter
Anwendung   welcher Verfahren
und mit   welchem Ergebnis
nach Ansicht der DGZMK ein solcher Nachweis erbracht ist.

Sicherlich haben Sie in Anbetracht der weittragenden Bedeutung,
die Ihren Bekanntgaben nach allgemeiner Ansicht zukommt,
Verständnis für meine Fragestellung.
Dafür danke ich Ihnen vielmals.

Mit freundlichen Grüßen!

Anlage : " Zahnärztliche Mitteilungen " Heft 8 / 88 Seite : 862

LINDEMANNSTRASSE 96
4000 DÜSSELDORF
TELEFON 0211/682296

Frau ███████

Düsseldorf, den 16.08.1989

Sehr geehrte Frau ███████,

auf Ihre Anfrage vom 31.07.1989 können wir Ihnen nur noch einmal erneut bestätigen, daß bis heute in keinem Falle der naturwissenschaftliche Nachweis erbracht wurde, wonach Amalgam oder das in ihm gebundene Quecksilber die Ursache einer menschlichen Erkrankung sei.

Der Begriff "wissenschaftlicher Nachweis" beinhaltet nach allgemeiner Definition, daß dieser Nachweis mit naturwissenschaftlichen Methoden und damit überprüfbar und reproduzierbar erfolgte. Diesem Selbstverständnis hat sich bekanntlich auch die oberste Rechtssprechung in unserem Lande angeschlossen, die sogar noch weitergeht und fordert, daß die betreffenden Erkenntnisse von den Hochschulen allgemein oder überwiegend anerkannt worden sind.

Ihre Anfrage nach Verfahren und Ergebnissen kann sich demnach schlechterdings nicht auf die oben wiederholte allgemein verbindliche Aussage beziehen, die wir der Ordnung halber hier noch einmal erörtert haben.

Mit freundlichen Grüßen

(Prof.Dr.H.-J. Menzel)
Generalsekretär

DEUTSCHE APOTHEKER- UND ÄRZTEBANK, DÜSSELDORF, (BLZ 30060601) KTO.-Nr. 0001086707 · POSTSCHECKKONTO ESSEN 81166-437

███████████   ███████████, d. 25. Sept. 89

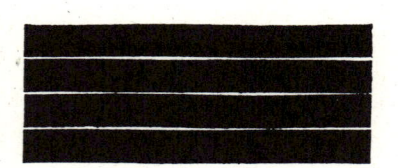

Deutsche Gesellschaft für
Zahn-, Mund- und Kieferheilkunde
z. Hd. Herrn Generalsekretär
Prof. Dr. H.-J. Menzel

Lindemannstraße 46
4000 Düsseldorf

Sehr geehrter Herr Professor Menzel !

Dankend bestätige ich Ihnen den Erhalt Ihres Schreibens vom 16. 8. 1989, das Sie mir auf mein Schreiben vom 31. 7. 89 übersandt haben.

In meinem Schreiben vom 31. 7. 89 hatte ich mich auf die Stellungnahme der Deutschen Gesellschaft für Zahn-, Mund- und Kieferheilkunde (DGZMK) in der Zeitschrift " Zahnärztliche Mitteilungen " Heft 8 / 1988 S. 862 bezogen. Dort teilt die DGZMK mit :

"Vielmehr ist richtig, daß . . . . trotz höchst empfindlicher Untersuchungsmethoden bis heute in keinem Fall der naturwissenschaftliche Nachweis geführt wurde, daß Amalgam oder das in ihm gebundene Quecksilber die Ursache der Erkrankung sei. "

Meine Frage vom 31. 7. 89 war :

" Unter Anwendung   welcher Verfahren
und mit welchem   Ergebnis

nach Ansicht der DGZMK ein solcher Nachweis erbracht ist. "

Auch Sie teilten mir in Ihrem Schreiben vom 16. 8. 89 mit, daß bis heute in keinem Falle der naturwissenschaftliche Nachweis erbracht wurde, wonach Amalgam oder das in ihm gebundene Quecksilber die Ursache einer menschlichen Erkrankung sei.

Damit ist noch nicht geklärt, mit welchem Untersuchungsverfahren und bei welchem Ergebnis ein solcher Nachweis nach Ansicht der DGZMK erbracht ist.

- 2 -

Früher, d. h. ohne die modernen Diagnoseverfahren, war es m. W. schwierig festzustellen, ob Ursache bestimmter Beschwerden eine toxische Belastung des Organismus mit Silberamalgam war.

Angesichts der nun eindeutigen Aussage der DGZMK müssen vermutlich neue entsprechende Verfahren gefunden worden sein. Bitte seien Sie so freundlich, mir diese wie auch die Befunde, bei denen der Nachweis der Ursächlichkeit des Silberamalgams gegeben ist, mitzuteilen.

Die DGZMK hat in jüngster Zeit immer wieder auf das Fehlen eines positiven Befundes bei den Untersuchungen hingewiesen. Daher dürfte es keine zu zeitaufwendige Fragestellung sein, die dabei angewendeten Untersuchungsverfahren zu benennen.

Mit freundlichen Grüßen !

███████████████   ████████████, d. 3. Dez. 89

Deutsche Gesellschaft für
Zahn -, Mund - und Kieferheilkunde
z. Hd. Herrn Generalsekretär
Prof. Dr. H. - J. Menzel
Lindemannstraße 46
4000 Düsseldorf

Sehr geehrter Herr Professor Menzel !

In aller Höflichkeit übersende ich Ihnen eine Fotokopie
meines Schreibens vom 25. Sept. ds. Js. Ich wäre dankbar,
wenn Ihnen bzw. der Deutschen Gesellschaft für Zahn -,
Mund - und Kieferheilkunde eine Beantwortung meiner darin
geäußerten Frage möglich sein könnte.

Mit freundlichen Grüßen !

Die Deutsche Gesellschaft für Zahn-, Mund- und Kieferheilkunde gibt bekannt:

Amalgam macht nicht krank

Die Deutsche Gesellschaft für Zahn-, Mund- und Kieferheilkunde stellt zur Report-Sendung (ARD) am 22.3.88 „Macht Amalgam krank?" fest, daß in der Sendung wesentliche, wissenschaftlich zuverlässige (das heißt u. a. auch reproduzierbare) Tatsachen verschwiegen wurden. Diese waren bei hinreichend sorgfältiger Recherche, wie man sie als Pflicht eines seriösen Journalismus eigentlich erwarten darf, zur Grundlage für einen objektiven Bericht jederzeit und leicht zu erfahren. Die zentrale wissenschaftliche Gesellschaft für das Gebiet der Zahn-, Mund- und Kieferheilkunde stellt deshalb zur Sache fest:

1) **Es ist falsch, zu behaupten oder auch nur anzunehmen, daß Amalgam (oder das darin gebundene Quecksilber) im Sinne toxischer Einflüsse krank macht.**
Vielmehr ist es richtig, daß Quecksilber in so kleinen Mengen in der Mundhöhle durch Korrosion und Abrieb frei gesetzt wird, daß diese in der stets nachweisbaren Menge Quecksilber im Blut bzw. Urin eines Menschen, die aus der gewohnten und täglich aufgenommenen Nahrung stammt, untergeht und sie noch nicht einmal nachweisbar erhöht.
Es ist aber auch richtig, daß in den letzten Jahren zunehmend Menschen glauben, ihre Unpäßlichkeiten oder sogar schwerwiegende Erkrankungen seien auf Amalgam oder das in ihm gebundene Quecksilber zurückzuführen.

2) **Es ist falsch anzunehmen, einige Naturärzte und Heilpraktiker hätten mit eigenen Methoden allgemeingültig nachgewiesen, daß Amalgam krank mache.**
Vielmehr ist es richtig, daß solche Behauptungen zwar gemacht wurden, daß aber trotz höchst empfindlicher Untersuchungsmethoden bis heute in keinem Falle der naturwissenschaftliche Nachweis geführt wurde, daß Amalgam oder das in ihm gebundene Quecksilber die Ursache der Erkrankung sei. Die Tatsache, daß die beklagten Beschwerden ganz oder teilweise durch Entfernen des Amalgams beseitigt worden sind, läßt sich z. B. auch psychosomatisch erklären. Dafür gibt es in der Medizin viele gleichartige Parallelen.

3) **Es ist falsch, nur darauf hinzweisen, daß Quecksilber im Gehirn und anderen Nervorganen angesammelt würde.**
Vielmehr ist es richtig, daß Quecksilber (auch aus Amalgamfüllungen) im Gehirn länger als in anderen Organen gespeichert wird, daß aber diese Konzentrationen (und damit die mögliche Toxizität) mindestens 20 mal kleiner oder mehr als bei Personen sind, die z. B. beruflich giftigen Quecksilbermengen ausgesetzt waren.

4) **Es ist falsch, die Vorstellung zu vermitteln, daß Amalgam Schmerzen verursacht.**
Es ist richtig, daß Schmerzen an oder in den Zähnen vielfältige andere Ursachen haben, in erster Linie Karies, die sich ja auch neben Amalgamfüllungen entwickeln kann.

5) **Es ist richtig, daß das im Amalgam gebundene Quecksilber giftig ist (wie z. B. auch Blausäure oder Kochsalz), aber es kommt — seit Paracelsus bekannt — auf die Dosis (Menge pro Zeiteinheit) an, die groß genug sein muß, um Giftwirkung zu entfalten. Homöopathische Dosen sind nicht giftig, eher heilsam.**

6) **Es ist weiterhin richtig, daß Amalgam (wie jedes andere Füllmaterial, z. B. Zement, Kunststoff, selbst Gold) in der Mundhöhle gelöst wird oder korrodiert und damit seine Bestandteile in den menschlichen Organismus abgibt. Auf diese Weise werden aber nur Spuren frei.**

7) **Keine Frage: Gesunde, durch Prophylaxe vor kariösen Löchern bewahrte Zähne sind besser als jede Füllung.**
Und: wenn es einmal ein besseres Material als Amalgam geben sollte, wird es keinen Zahnarzt geben, der dann noch Amalgam verwendet. Vorläufig aber gibt es für Patienten mit Amalgamfüllungen keinen Grund, beunruhigt zu sein.

DER PRÄSIDENT

Frau
████████████
████████████

Bonn, den 11.12.1989

Sehr geehrte Frau ████████,

sicherlich haben Sie unser Antwortschreiben vom 16.08.1989 mißverstanden.

In Ihrem Schreiben vom 25. September 1989, das Sie am 03. Dezember 1989 noch einmal erwähnten, fragten Sie an, mit welchen Verfahren es feststellbar sei, daß eine "toxische Belastung des Organismus" mit Silberamalgam als Ursache für bestimmte Beschwerden angesehen werden müsse, bzw. bei welchen Befunden der Nachweis der Ursächlichkeit des Silberamalgams gegeben ist. Die Aussage der DGZMK lautete: "Vielmehr ist richtig, daß .... trotz höchstempfindlicher Untersuchungsmethoden bis heute in keinem Fall der naturwissenschaftliche Nachweis geführt wurde, daß Amalgam oder das in ihm gebundene Quecksilber die Ursache der Erkrankung sei."

Dies ist so zu interpretieren, daß man mit höchstempfindlichen Methoden Spuren von Quecksilber nachweisen kann im Urin, im Blut und auch in den Geweben, auch bei Menschen ohne jede Amalgamfüllung, weil man vor allem mit der Nahrung Spuren dieses Metalls zu sich

- 2 -

Prof. Dr. Rolf Nolden, Welschnonnenstraße 17, 5300 Bonn, Tel. (0228) 652981

nimmt. Als durchschnittlichen Wert für diese Aufnahme mißt man etwa 22 Mikrogramm pro Tag.
Diese Werte sind also heute durchaus meßbar. Die Verfahren dazu sind wissenschaftlich anerkannt, das heißt zum Beispiel man kann diese Messungen wiederholen und kommt zum gleichen Ergebnis.

Anders sieht es aber aus, wenn man nach einer Methode sucht, den Nachweis dazu zu erbringen, daß Amalgam oder das in ihm gebundene Quecksilber als Ursache für eine Erkrankung angesehen werden soll. Wissenschaftlich anerkannte Verfahren gibt es dazu bis heute nicht. Daraus ergibt sich, daß wir Ihnen auch keine Befunde, bei denen der Nachweis der Ursächlichkeit des Silberamalgams gegeben ist, mitteilen können, mit Ausnahme vielleicht sehr selten auftretender allergischer Reaktionen, die bei manchen Patienten allerdings auch im Kontakt mit Edelmetallen auftreten können.

Ich glaube, daß damit Ihre Anfrage schlüssig beantwortet ist und verbleibe mit freundlichen Grüßen

Anhang 6

Poliklinik und Klinik
für Zahn-, Mund und Kieferkrankheiten
der Westfälischen Wilhelms-Universität
Abteilung für Zahnärztliche Prothetik
Direktor: Prof. Dr. R. Marxkors

4400 Münster, den 11.7.1983
Waldeyerstraße 30
Ortskennzahl 0251   Durchwahl 83 . . . .
Vermittlung 83-1

Herrn
███████████
███████████

███████████

Sehr geehrter Herr ███ !

Die in Ihrem Schreiben vom 19.6.83 gestellten Fragen beantworte ich wie folgt:

Zu 1) Es gibt praktisch keinen Test, mit dem man diagnostizieren kann, ob im Einzelfall eine Sekundärerkrankung vom Amalgam verursacht wird.

Potential- und Strommessungen sind ohne Wert. Aufladungen und Ströme findet man bei allen Metallen in allen Mundhöhlen. Einen Hinweis, weshalb im Einzelfall dadurch eine Störung verursacht werden kann, gibt es nicht.

Die einzige Möglichkeit, Zusammenhänge zwischen Amalgamen und Sekundärerkrankungen besteht darin, daß man alles Amalgam aus dem Munde entfernt Gehen dann die Beschwerden dauerhaft zurück, so kann man im Nachhinein folgern, daß sie durch das Amalgam verursacht waren.

Zu 2) Wir haben in unserer Klinik 30 Fälle dokumentiert, bei denen alles Amalgam entfernt wurde. Bei niemanden kam es zu einem dauerhaften Verschwinden der Beschwerden. Eine Statistik über Ergebnisse bei gleichem Vorgehen, bezogen auf die gesamte Bundesrepublik, ist mir nicht bekannt.

Für meine reichlich späte Antwort bitte ich um Nachsicht.
Mit besten Empfehlungen

(Prof. Dr. R. Marxkors)

19.06.1983

Prof. Dr. Marxkors
Klinik für Zahn- Mund- und
Kieferkrankheiten der
Westfälischen Wilhelms-Universität
Waldeyerstr. 30
4400 Münster

Sehr geehrter Herr Prof. Dr. Marxkors,
am 4.10.1982 berichtete der NDR im 1. Fernsehprogramm
über Nebenwirkungen vom Amalgamfüllungen.
Zwei Zahnärzte schilderten neben einem Vertreter der
Zahnärztekammer Hamburg über ihre Erfahrungen zu diesem
Thema.
Aus persönlichem und sachlichem Interesse habe ich
mich anschließend an Hand der Veröffentlichung des
BDZ/KZBV "Zur Frage der Nebenwirkung bei der Versorgung
kariöser Zähne mit Amalgam", Köln 1982, mit
diesem Thema befaßt. Dabei sind noch zwei Fragen für
mich offen geblieben. Ich wäre Ihnen sehr dankbar, wenn
Sie mir diese Fragen beantworten könnten.
1. Mit welcher Untersuchungsmethode kann eine - nicht
durch eine Allergie gegenüber Amalgam verursachte -
Gesundheitsschädigung durch Silberamalgam diagnostiziert
werden (abgesehen von einer Hauttestung, Epikutan)?

- 2 -

2. Bei wie vielen Personen konnte überhaupt eine solche Gesundheitsschädigung bisher
    a) in Ihrer Abteilung
    b) in der Bundesrepublick
mit diesen Untersuchungsmethoden festgestellt werden?

Für eine Antwort auf diese beiden Fragen wäre ich Ihnen sehr dankbar. Eine evtl. gewünschte Honorierung ist zugesichert.

Mit freundlichen Grüßen

Rückporto

Anhang 7

BARMER
ERSATZKASSE

DIE GESCHÄFTSFÜHRUNG

An das
Landessozialgericht
Niedersachsen
Postfach

3100 Celle 1

*Landessozialgericht Niedersachsen
Eing.: 28. OKT. 1988
Az.:
Bd. ___ Anl. ___ Rö.-Aufn.*

Wuppertal 2, den 27. Okt. 1988
o12o-SR-224/82-Bla/fe

Zum Aktenzeichen: L 4 Kr 63/84

In dem Rechtsstreit

Martin Weitz   ./.   Barmer Ersatzkasse
(Prozeßbevollmächtigte:
RAe Prof. ███████
███████████████)

ist die Beklagte unter Bezugnahme auf den vom Gericht mit Schriftsatz vom 2o.1o.1988 unterbreiteten Vorschlag bereit, folgendes Anerkenntnis abzugeben:

Die Beklagte zahlt an den Kläger für die Zeit vom
1.9.198o bis 31.8.1981 DM 5.175,84 nebst 4 % Zinsen
seit Klageerhebung und die vollen außergerichtlichen
Kosten beider Rechtszüge.

Die Beklagte macht im übrigen darauf aufmerksam, daß sie dieses Anerkenntnis nur unter dem Gesichtspunkt eines zeitlich begrenzten Therapieversuchs i.S. des Urteils des Bundessozialgerichts vom 23.3.1988, Az.: 3/8 RK 5/87, und unter Zurückstellung erheblicher Bedenken hinsichtlich der Notwendigkeit und Wirtschaftlichkeit der vom Kläger in Anspruch genommenen Behandlungsmethode abgibt.

Im Auftrage

gez. Günnewig

Anlage: 1 Durchschrift

WUPPERTAL-BARMEN · UNTERE LICHTENPLATZER STR. 100-102 · FERNSPRECHER SA.-NR. (02 02) 56 80 · TELEX-NR 8 591 452 bek d
TELEFAX-NR. (02 02) 5 68 14 59 · POSTANSCHRIFT: POSTFACH 20 01 08 · 5600 WUPPERTAL 2

Anhang 8

Protokoll eines Telefonats
mit Herrn Dr. Bretschneider,
dem Schriftführer des Arzneimittelausschusses
Zahnärzte, des Bundesverbandes der Deutschen
Zahnärzte und der Bundeszahnärztekammer (übereinstimmende Anschrift dieser Institutionen:
Universitätsstraße 71 - 73, 5000 Köln 41),
am Mittwoch, dem 18.9.1985

Nach Wahl der Telefonnummer 0221/4001-183 erhielt ich am Mittwoch, dem 18.9.1985, vom Forschungsinstitut für die zahnärztliche Versorgung (Universitätsstraße 71 - 73, 5000 Köln 41) die Durchwahlnummer des Herrn Dr. Bretschneider (0221/4001-210).

Um 9.50 Uhr am gleichen Tag sprach ich mit Herrn Dr. Bretschneider. Ich bezog mich auf einen Artikel in "Zahnärztliche Mitteilungen" 1984 S. 846 ff (849) betr. Prof. Knolles Hinweis auf die Einrichtung einer Anlaufstelle für Patienten, die über Beschwerden infolge von Amalgamfüllungen klagen, fragte danach, ob diese inzwischen existiere und bat um Mitteilung der Anschrift.

Herr Dr. Bretschneider erklärte mir, daß dieser Hinweis, wie in dem Artikel beschrieben, erfolgt sei, die Angelegenheit sei auch erörtert worden, man sei sich dann aber einig geworden, dies nicht weiter zu verfolgen. Der Grund sei, daß für die genannten Patienten die Universität Münster, Professor Müller-Fahlbusch, in Frage komme.

Die Vollständigkeit und Richtigkeit der Wiedergabe der Ausführungen Dr. Bretschneiders zu der "Anlaufstelle" für Amalgam-Patienten wird bestätigt.
Weitere Fragen habe ich weder am 18.9.1985 noch an einem anderen Tag an Herrn Dr. Bretschneider gerichtet.

███████████████, den 18.9.1985

Westfälische Wilhelms-Universität Münster

Schloßplatz 2
4400 Münster
F.83-1
Telex: 8 92 529 UNI MSd

Wintersemester 1985/86

Personal- und Vorlesungsverzeichnis

Redaktion: Heinz-Paul Stegemann, Dezernat 1.1, Tel. 83-20 49

Das Verzeichnis kann nur über den örtlichen Buchhandel bezogen werden
Verlag und Gesamtherstellung: C. J. Fahle GmbH, Neubrückenstraße 8–11, 4400 Münster
Telefon 02 51/5 92-0, Telex 8 92 810

Alle Rechte vorbehalten. Nachdruck, Vervielfältigung, fotomechanische Wiedergabe und Ablichtung,
auch auszugsweise, sind nicht gestattet.

Müller-Fahlbusch, Hans, Dr. med., Professor, Droste-Hülshoff-Straße 14, 4417 Altenberge, F. 0 25 05/501
Lehrbefugnis: Neurologie und Psychiatrie

* Mündnich, Karl, Dr. med., em. o. Professor, Von-Esmarch-Straße 19, F. 8 26 25
Lehrbefugnis: Hals-, Nasen-, Ohrenheilkunde

Nessel, Eckhard, Dr. med., Professor, Hittorfstraße 57, F. 8 12 95
Lehrbefugnis: Hals-, Nasen-, Ohrenheilkunde einschließlich Stimm- und Sprachheilkunde

Nienhaus, Heinrich, Dr. med., Professor, Staufenstraße 46, F. 37 49 26
Lehrbefugnis: Allgemeine Pathologie und pathologische Anatomie

Niermann, Hans, Dr. med., Professor a. D., Besselweg 21, F. 86 27 73
Lehrbefugnis: Dermatologie und Venerologie, insbesondere Andrologie

Nieschlag, Eberhard, Dr. med., Professor, Leiter der Abteilung für Experimentelle Endokrinologie der Frauenklinik, Leiter der Klinischen Forschungsgruppe Reproduktionsmedizin der Max-Planck-Gesellschaft an der Frauenklinik der Universität Münster, Gremmendorfer Weg 91, F. 61 64 46
Lehrbefugnis: Innere Medizin

Nolting, Siegfried, Dr. med., Professor, Leiter der Abt. für Dermatomikrobiologie der Hautklinik, Rüschhausweg 129 f, F. 86 14 37
Lehrbefugnis: Dermatologie und Venerologie

Opitz, Klaus, Dr. med., Professor, Görlitzer Straße 102, F. 24 82 11
Lehrbefugnis: Pharmakologie und Toxikologie

Palm, Dietrich, Dr. med., Professor, Leiter der Neuropädiatrischen Abteilung der Kinderklinik, Martin-Luther-Straße 27, F. 2 25 11
Lehrbefugnis: Kinderheilkunde

Pauleikhoff, Bernhard, Dr. med., Dr. phil., Professor, Leiter der Abteilung für Klinische Psychopathologie und Medizinische Psychologie der Psychiatrischen und Nervenklinik, Besselweg 11, F. 5 16 77
Lehrbefugnis: Psychiatrie und Neurologie

Pawlowitzki, Ivar-Harry, Dr. med., Professor, Gertrudenstraße 17, F. 2 23 09
Lehrbefugnis: Humangenetik

Pera, Franz, Dr. med., Professor, Direktor des Anatomischen Instituts, Duddeyheide 63, F. 7 12 75
Lehrbefugnis: Anatomie

Peters, Peter Edzard, Dr. med., Professor, Direktor des Instituts für Klinische Radiologie, Weierstraßweg 4, F. 8 65 31
Lehrbefugnis: Röntgenologie und Strahlenheilkunde

* Pfefferkorn, Gerhard, Dr. rer. nat., em. Professor, Direktor des Institus für Medizinische Physik, Habichtshöhe 12, F. 7 28 63
Lehrbefugnis: Medizinische Physik

203

Anhang 9

Bundeszahnärztekammer

5000 Köln 41, Postfach 410168

Herrn

Verbandsgeschäftsstelle
Universitätsstraße 71
5000 Köln 41 (Lindenthal)
Telefon (0221) 40010
Telefax (0221) 404035
Btx (0221) 404036

Ihr Zeichen, Ihre Nachricht vom	Unser Zeichen, unsere Nachricht vom	Telefondurchwahl	Datum
11.02.1986	Dr.Brt./H.	4001- 212	18. Februar 1986

Amalgam
hier: Anlaufstelle für Patienten

Sehr geehrter Herr ,

zu der von Ihnen erwähnten Einrichtung einer Anlaufstelle
für Patienten, bei denen der Verdacht einer gesundheitlichen
Schädigung durch Silberamalgam besteht, ist es nicht gekommen.
Der Vorschlag war auf einem wissenschaftlichen Symposion am
12. März 1984 mit dem Thema "Amalgam - Aussagen von Medizin
und Zahnmedizin" gemacht worden. Es war damals Herr Prof. Dr.
H. Müller-Fahlbusch, Poliklinik und Klinik für Zahn-, Mund-
und Kieferkrankheiten Waldeyerstr. 40, 4400 Münster als möglicher
Ansprechpartner benannt worden.

Mit freundlichen Grüßen

i.A. Dr. Bretschneider

11.02.86

An den
Bundesverband der Deutschen Zahnärzte
z.H. Herrn Dr. Bretschneider
Universitätsstraße 71 - 73

5000 Köln 41

Sehr geehrter Herr Dr. Bretschneider,

auf die Frage nach einer Anlaufstelle für Patienten, bei denen der Verdacht einer gesundheitlichen Schädigung durch Silberamalgam besteht, nannten Sie einem Bekannten von mir am Telefon einen Professor in Münster, der für diese Patienten zuständig ist.

Nach der Erinnerung meines Bekannten war es ein Doppelname (.......-Busch?), den Sie ihm nannten.

Könnten Sie mir bitte kurz den vollständigen Namen mitteilen?

Mit freundlichen Grüßen

Westfälische Wilhelms-Universität Münster

Schloßplatz 2
4400 Münster
F.83-1
Telex: 8 92 529 UNI MSd

Wintersemester 1985/86

Personal- und Vorlesungsverzeichnis

Redaktion: Heinz-Paul Stegemann, Dezernat 1.1, Tel. 83-20 49

Das Verzeichnis kann nur über den örtlichen Buchhandel bezogen werden
Verlag und Gesamtherstellung: C. J. Fahle GmbH, Neubrückenstraße 8–11, 4400 Münster
Telefon 02 51/5 92-0, Telex 8 92 810

Alle Rechte vorbehalten. Nachdruck, Vervielfältigung, fotomechanische Wiedergabe und Ablichtung,
auch auszugsweise, sind nicht gestattet.

Müller-Fahlbusch, Hans, Dr. med., Professor, Droste-Hülshoff-Straße 14, 4417 Altenberge, F. 0 25 05/501
Lehrbefugnis: Neurologie und Psychiatrie

* Mündnich, Karl, Dr. med., em. o. Professor, Von-Esmarch-Straße 19, F. 8 26 25
Lehrbefugnis: Hals-, Nasen-, Ohrenheilkunde

Nessel, Eckhard, Dr. med., Professor, Hittorfstraße 57, F. 8 12 95
Lehrbefugnis: Hals-, Nasen-, Ohrenheilkunde einschließlich Stimm- und Sprachheilkunde

Nienhaus, Heinrich, Dr. med., Professor, Staufenstraße 46, F. 37 49 26
Lehrbefugnis: Allgemeine Pathologie und pathologische Anatomie

Niermann, Hans, Dr. med., Professor a. D., Besselweg 21, F. 86 27 73
Lehrbefugnis: Dermatologie und Venerologie, insbesondere Andrologie

Nieschlag, Eberhard, Dr. med., Professor, Leiter der Abteilung für Experimentelle Endokrinologie der Frauenklinik, Leiter der Klinischen Forschungsgruppe Reproduktionsmedizin der Max-Planck-Gesellschaft an der Frauenklinik der Universität Münster, Gremmendorfer Weg 91, F. 61 64 46
Lehrbefugnis: Innere Medizin

Nolting, Siegfried, Dr. med., Professor, Leiter der Abt. für Dermatomikrobiologie der Hautklinik, Rüschhausweg 129 f, F. 86 14 37
Lehrbefugnis: Dermatologie und Venerologie

Opitz, Klaus, Dr. med., Professor, Görlitzer Straße 102, F. 24 82 11
Lehrbefugnis: Pharmakologie und Toxikologie

Palm, Dietrich, Dr. med., Professor, Leiter der Neuropädiatrischen Abteilung der Kinderklinik, Martin-Luther-Straße 27, F. 2 25 11
Lehrbefugnis: Kinderheilkunde

Pauleikhoff, Bernhard, Dr. med., Dr. phil., Professor, Leiter der Abteilung für Klinische Psychopathologie und Medizinische Psychologie der Psychiatrischen und Nervenklinik, Besselweg 11, F. 5 16 77
Lehrbefugnis: Psychiatrie und Neurologie

Pawlowitzki, Ivar-Harry, Dr. med., Professor, Gertrudenstraße 17, F. 2 23 09
Lehrbefugnis: Humangenetik

Pera, Franz, Dr. med., Professor, Direktor des Anatomischen Instituts, Duddeyheide 63, F. 7 12 75
Lehrbefugnis: Anatomie

Peters, Peter Edzard, Dr. med., Professor, Direktor des Instituts für Klinische Radiologie, Weierstraßweg 4, F. 8 65 31
Lehrbefugnis: Röntgenologie und Strahlenheilkunde

* Pfefferkorn, Gerhard, Dr. rer. nat., em. Professor, Direktor des Institus für Medizinische Physik, Habichtshöhe 12, F. 7 28 63
Lehrbefugnis: Medizinische Physik

Anhang 10

Bundesgesundheitsamt

bga

Bundesgesundheitsamt
Postanschrift:
Postfach 33 00 13
D-1000 Berlin 33
Fernschreiber: 0183310
Telefax: (030) 4502 207

Wir bitten, alle Zuschriften an das BGA nicht an Einzelpersonen zu richten.

Bundesgesundheitsamt, Postfach 330013, D-1000 Berlin 33

Herrn
███████████████
███████████████

Ihre Zeichen und Nachricht vom	Gesch.-Z.: Bitte bei Antwort angeben	Telefon: (030) 4502 - 0 Berlin	
14.03.83	G IV 7140-07-███	390	17.03.83

Sehr geehrter Herr ███,

Ihre Vermutung, daß Vorbehalte gegen die Anwendung von Silberamalgam in der Zahnheilkunde vornehmlich von Personen stammen, die die Verwendung des Silberamalgams ablehnen, wird zugestimmt.

Von denjenigen, die über große Erfahrungen in der Anwendung von diesem Füllungsmaterial verfügen, wird die Nutzen-Risikobewertung mit positivem Ergebnis durchgeführt. Auf das zusammenfassende Gutachten von Prof. Riethe, vorgetragen im Mai 1981 anläßlich eines Symposiums in Köln zum Problemkreis "Zur Frage der Nebenwirkung bei der Versorgung kariöser Zähne mit Amalgam" wird hingewiesen. Aufgrund der Überlegungen, die auf Bilanzierungsexperimenten der Quecksilberbelastung beruhen, sind toxische Quecksilberwirkungen zumindest unwahrscheinlich.

Die von Ihnen angesprochenen beträchtlichen unerwünschten Nebenwirkungen sind dem Bundesgesundheitsamt noch nicht bekannt geworden, ob der Epikutan-Test in allen Fällen eine absolute Prognose erlaubt, kann noch nicht beantwortet werden.

Die Risikobewertung von Silber-Amalgam nimmt das BGA entsprechend dem Arzneimittelgesetz wahr. Die Kommission B 9 ist zur Zeit damit beschäftigt, das Erkenntnismaterial über konventionelle Silberamalgame als zahnärztliches Füllungsmaterial aufzuarbeiten. Mit der Publikation eines Entwurfs, der als Monographie bei der Beurteilung von Amalgamen im Zulassungsbreich dienen wird, kann in Kürze gerechnet werden. Inhaltlich wird die weitere Auswertung des Silberamalgams in dieser Arbeit zugestimmt. Die Namen der Mitglieder der Kommission sind in der Anlage beigefügt. Wir bitten um Verständnis, daß wir darüber hinaus keine personenbezogenen Daten weitergeben können.

Mit freundlichen Grüßen
Im Auftrag

(Dr.med.E.Tschöpe)
Direktor und Professor

Anlage

Aufbereitungskommission für den humanmedizinischen Bereich mit
Ausnahme besonderer Therapieeinrichtungen "Zahnheilkunde" (B 9)

Die Kommission besteht zur Zeit aus folgenden Mitgliedern

Prof.Dr.Otfried Strubelt
Abtlg. für Toxikologie
im Klinikum der Med. Hochschule Lübeck

Priv.-Doz. Dr. Margarete Frahm
Pharmakologisches Institut
der Universität Hamburg

Prof. Dr. med. C.-J. Estler
Pharmakologisches Institut
der Universität Erlangen

Prof. Dr. med. Dipl.-Math.
R. Repges
Abtlg. für Med. Statistik
und Dokumentation der TH Aachen

Prof.Dr.med.J.R. Möhr
Institut für Med. Dokumentation
Statistik und Datenverarbeitung
der Universität Heidelberg

Dr. Otto Speth
Phönix-Apotheke Würzburg

Prof. Dr.Dr. G. Knolle
Offenbach

Prof.Dr.med.dent.H.J.Rehberg
Bayer AG, Leverkusen

Prof.Dr.J. Viohl
Leiter der Abtlg.fürzahnärztl.
Werkstoffkunde der FU Berlin

Dr. Bernd Leuaner
Leverkusen

Dr.med.dent.H.-J. Demmel
Berlin

Prof.Dr.B. Klaiber
Freiburg

, den 14. 3. 1983

An das
Bundesgesundheitsamt
Institut für Arzneimittel
Seestraße 10

1000 Berlin 65

Betr.: Quecksilberamalgam

Sehr geehrte Damen und Herren!

Ich bitte Sie freundlich um Mitteilung,

1. ob Ihnen aus Veröffentlichungen von Zahnmedizinern und anderen Wissenschaftlern in der medizinischen Fachliteratur oder aus der Korrespondenz z. B. mit Zahnärzten, die gerade wegen den bekannten möglichen Nebenwirkungen des Quecksilberamalgams im Interesse ihrer Patienten die Verwendung dieses Materials in ihrer Praxis ablehnen, Anhaltspunkte dafür vorliegen, daß Quecksilberamalgam auch dann zu beträchtlichen unerwünschten Nebenwirkungen führen kann, wenn bei dem Träger keine durch Epikutan-Hauttests nachweisbare Allergie gegenüber diesem Füllungsmaterial selber vorliegt

und

2. welcher Ausschuß beim BGA zuständig ist für die Beurteilung der Arzneimittelsicherheit im Hinblick auf Quecksilberamalgam (ist es die Kommission B 19?)

   sowie im Hinblick auf die Mitglieder dieses Ausschusses um die Nennung von Namen, Berufsbezeichnung und - soweit sie dem BGA bekannt ist - Mitgliedschaft in zahnärztlichen Standesorganisationen.

Mit der Bitte um baldige Antwort und
mit herzlichem Dank im voraus

2. Entwurf (genehmigt von der B9-Kommission des BGA)
===

MONOGRAPHIE

über

zahnärztliche konventionelle

Amalgame

von

E.J. REHBERG

(September 1982)

Anhang 11

Bayer

Bayer AG

PH-Sektor Dental

Frau
████████
████████
████████

Bayer Dental
4047 Dormagen, Bayerwerk
Telefon: (02106) 511 (Vermittlung)
Telex: 851735-33
Telefax: (02106) 515194
Telegramme: Bayerdental Dormagen
Konten: Postgirokonto Köln 5-500
Landeszentralbank Leverkusen 37 508 001

Ihre Zeichen	Ihre Nachricht	Unsere Zeichen	Telefon-Durchwahl	4047 Dormagen, Bayerwerk
	21.3.87	Schm/je 5	(02106) 51 8110	6. April 1987

AGESTAN

Sehr geehrte Frau ████,

vielen Dank für Ihre Anfrage nach AGESTAN.

Hierzu können wir Ihnen mitteilen, daß auch heute noch AGESTAN in unserem Lieferprogramm enthalten ist. Dieses 68 %ige Silberamalgam vertreiben wir zur Zeit jedoch nur noch in Tablettenform, und zwar in Schachteln á 25 x 30 Tabletten zu je 330 mg (entsprechend 250 g Gesamtgewicht).

Darüber hinaus können wir Ihnen als Nachfolgeprodukt von AGESTAN heute

       LUMICON-Silberamalgam

anbieten. Hierbei handelt es sich ebenfalls um ein Silberamalgam mit einem Feinsilbergehalt von 68 %. LUMICON-Silberamalgam bürgt durch seine spezielle Kornverteilung für eine gute Mischbarkeit und gleichmäßige Konsistenz - bis zur letzten Portion - wodurch sich eine hervorragende Verwendung in sämtlichen im Markt befindlichen Mischgeräten ergibt.

Anbei erhalten Sie unsere grüne Information Nr. 37/77 mit der Bitte, hieraus weitere nähere Einzelheiten über LUMICON-Silberamalgam zu entnehmen.

Mit freundlichen Grüßen
BAYER AG

[Unterschriften]

Anbei Info grün Nr. 37/77

Vorstand: Hermann Josef Strenger, Vorsitzender; Gerhard Fritz, stellvertretender Vorsitzender; Günter W. Becker, Karl Heinz Büchel, Helmut Loehr, Helmut Piechota, Ernst-Heinrich Rone, Dieter Schaub, Manfred Schneider, Eberhard Weise, Franz-Josef Weitkemper

Vorsitzender des Aufsichtsrats: Herbert Grünewald
Sitz der Gesellschaft: Leverkusen
Eintragung: Amtsgericht Leverkusen HRB 1122

Umweltschutz

21.03.1987

An
Bayer Dental
Bayerwerk

5090 Leverkusen

Sehr geehrte Damen und Herren,

in einer älteren Ausgabe der "Zahnärztliche Welt/Reform"
(17/1958) wurde über positive Erfahrungen über das Bayer -
Amalgam "Agestan" berichtet.
Bitte teilen Sie mir mit, ob Sie auch heute noch Amalgam her-
stellen und unter welchem Namen es ggfls. im Dentalfachhandel
erhältlich ist.
Mit Dank für Ihre Bemühungen und
mit freundlichen Grüßen

Anhang 12

ZAHNÄRZTEKAMMER BERLIN
KÖRPERSCHAFT DES ÖFFENTLICHEN RECHTS

ZAHNÄRZTEKAMMER BERLIN, GEORG-WILHELM-STR. 14-16, 1000 BERLIN 31

Herrn

GEORG-WILHELM-STRASSE 14-16
1000 BERLIN 31
TELEFON (030) 89 00 4-0
DURCHWAHL 89 00 4-

POSTSCHECKKONTO
BERLIN WEST
(BLZ 100 100 10) KONTO 141 81-108

BANKKONTO
DEUTSCHE APOTHEKER- UND
ÄRZTEBANK BERLIN
(BLZ 100 906 03) KONTO 003 16000

IHR SCHREIBEN VOM	IHR ZEICHEN	UNSER ZEICHEN	TAG
		Prof. Ha/Kl	12. Okt. 1983

Sehr geehrter Herr ▮▮▮▮!

Der in Berlin für Amalgam-Fragen zuständige Wissenschaftler ist Prof. Dr. Dr. Dieter Herrmann. Ich habe mir gestattet, Ihr Schreiben an ihn weiterzureichen, und hoffe, daß er Ihnen befriedigende Auskunft erteilen wird.

Mit freundlicher Empfehlung

ZAHNÄRZTEKAMMER BERLIN

(Prof. Dr. Dr. Harndt)

FREIE UNIVERSITÄT BERLIN
Fachbereich
Zahn-, Mund- und Kieferheilkunde

FU | BERLIN

Freie Universität Berlin,
Aßmannshauser Straße 4-6, 1000 Berlin 33

Herrn

Telefon/Durchwahl: (030) 8290-1
FU-intern: (93)
Senats-intern: (992)

Datum 18.10.83

Betrifft: Ihr Schreiben vom 30.9.1983

Sehr geehrter Herr ■■■■!

Zu Ihrer Frage kann ich Ihnen nur mitteilen, daß mir kein Hochschullehrer der Zahmedizin in Deutschland bekannt ist, der vor einem deutschen Gericht Gesundheitsschädigungen durch Silberamalgam in Zahnfüllungen für möglich erklärt hat bzw. diese für möglich zu erklären bereit ist.

Zur Information über die von Ihnen angesprochene Frage möchte ich Sie auf die Ihnen möglicherweise bekannte Publikation "Zur Frage der Nebenwirkung bei der Versorgung kariöser Zähne mit Amalgam" verweisen, die 1981 erschienen ist. Herausgeber: Forschungsinstitut für die zahnärztliche Versorgung. Universitätsstraße 73, 5000 Köln 41.

Ich hoffe, daß ich Ihnen mit diesen Informationen geholfen habe.

Hochachtungsvoll

(Prof. Dr. Dr. D. Herrmann)

Publikationen

Stand 15. August 1992
★ Neuerscheinungen
Bestellungen an: Öko-Institut, Binzengrün 34 a, 7800 Freiburg
Alle Preise inkl.Mwst.,zuzgl.Versandkosten. Preisänderungen vorbehalten.
Mitglieder erhalten auf Bände der Werkstattreihe 20% Rabatt (Nettopreis)

Grundlagen

★ Jahrbuch Ökologie 1992
Verlag C.H. Beck, 1991, 385 Seiten, Bestell-Nr. 1015, DM 22.–

Verkehr

★ Ohne Automobil
Werkstattreihe Nr. 79, Tagungsband, 1992, 152 S., Bestell-Nr. 12079, DM 24.80

Graphiken aus dem Buch: Gute Argumente Verkehr
62 DIN A4-Graphiken, Dez. 1990, Bestell-Nr. 5033 DM 12.–

Gute Argumente: Verkehr
D. Seifried, C.H. Beck-Verlag, 1990, 172 S. Bestell-Nr. 1012, DM 19.80

Grafiken zum Verkehr
DIN A4-Grafiken, Dez 1990. Bestell-Nr. 5033, DM 12.–

Energie

★ Thermische Solaranlagen: Marktübersicht 1992
J. Leuchtner, O. Reitebuch, R. Schüle, M. Ufheil, Öko-Institut Juli 1992, 144 S., Bestell-Nr. 5041, DM 25.–

★ Das CO_2 – optimierte GRÜNE Energiewende-Szenario 2010
U. Fritsche, S. Kohler, August 1990, 82 S., Bestell-Nr. 5039, DM 18.–

Photovoltaik–Marktübersicht
Werkstattreihe Nr. 42, J. Leuchtner, C. Boekstiegel, 5. überarb. u. aktual. Aufl., März 1991, 61 S., Bestell-Nr. 12042, DM 16.–

Bestandsaufnahme und Perspektiven der Atom- und Energiewirtschaft der DDR
Öko-Institut, UfU Berlin, Aug. 1990, 250 S., Bestell-Nr. 5031, DM 33.–

Energiereport Europa
Öko-Institut Freiburg, S. Fischer Verlag, 1991, 233 S., Bestell-Nr. 5036, DM 28.–

LCP – Least – Cost Planning
Werkstattreihe Nr. 75, U. Leprich, August 91, 100 S., Bestell-Nr. 12075, DM 21.–

★ LCP – Tagungsdokumentation
Fachseminar vom 15.11.91 in Frankfurt, 78 S., Bestell-Nr. 5040, DM 24.–

Den Wettbewerb im Energiesektor planen
Hrsg. P. Hennicke, Springer Verlag, Berlin 1991, 438 S., Bestell-Nr. 5038, DM 98.–

Kerntechnik

Stellungnahmen zur Sicherheit des geplanten Endlagers in Gorleben und zur Sicherheit von Atomkraftwerken und Wiederaufarbeitungsanlagen
Werkstattreihe Nr. 53, E. Grimmel, L. Hahn, April 1989, 60 S., Bestell-Nr. 12053, DM 13.–

Der Atommüll Report
B. Fischer, L. Hahn, Ch. Küppers, M. Sailer, G. Schmidt, Knaur Verlag, 2. Auflage Sept. 1991, 248 S., Bestell-Nr. 2018, DM 12.80

Chemie

Phyrethrum und Pyrethroide – ein Beitrag zur Naturstoffdiskussion
Werkstattreihe Nr. 50, I. Jäger-Mischke, V. Wollny, Dez. 1988, 120 S., Bestell-Nr. 12050, DM 20.–

Studie zur Entsorgung von Klärschlamm im Main-Kinzig-Kreis (Titeländerung von: Klärschlammentsorgung – Beschreibung und Vergleich von 10 ausgewählten Verfahren)
M. Beubler, K. Kümmerer, Juli 1991, 192 S., Bestell-Nr. 4021, DM 35.–

★ Szenarien einer Chemiewende
R, Grießhammer, Januar 1992, 170 S., Bestell-Nr. 4022, DM 25.–

★ Humantoxikologisches Gutachten zur Bewertung der Schadstoff – Belastung in der Bille – Siedlung Hamburg Moorfleet
E. Schmincke, M. Beubler, K. Kümmerer, März 1992, 280 S., Bestell-Nr. 4023, DM 42.–

Medizin

Gesundheitliche Gefahrenpotentiale für Chemiebelegschaften am Beispiel des BASF–Produktionsbereiches Polymerdispersionen
Werkstattreihe Nr. 59, W. Hien, Jan. 1990, 124 S., Bestell-Nr. 12059, DM 21.–

Amalgam – Wissenschaft und Wirklichkeit
Werkstattreihe Nr. 70, W. Koch, M. Weitz, 1991, 187 S., Bestell-Nr. 12070, DM 24.80

Recht

Stellungnahme zum Entwurf der 9. Verordnung zur Durchführung des Bundes-Immissionsschutzgesetzes
Werkstattreihe Nr. 77, A. Sander, M. Führ, R. Fendler, Okt. 1990, 35 S., Bestell-Nr. 12077, DM 13.50

Verbandsklage im Naturschutzrecht
J. Bizer, Th. Ormond, U. Riedel, Blottner Verlag 1990, 120 S., Bestell-Nr. 3003, DM 49.–

Participation and Litigation Rights of Environmental Associations in Europe
M. Führ, G. Roller (eds), Peter Lang Verlag, 1991, 204 S., Bestell-Nr. 3002, DM 59

Gentechnik

★ Industrielle Nahrungsproduktion oder Lebensmittel als Naturprodukt
Werkstattreihe Nr. 78, Juli 1992, 85 S., Bestell-Nr: 12078, DM 19.80

Gefahren der Gentechnik
Werkstattreihe Nr. 34, I. Stumm, M. Thurau, M. Führ, Febr. 1987, 105 S., Bestell-Nr. 12034, DM 16.–

Experimente mit der Evolution
Werkstattreihe Nr. 76, S. Chaderevian, R. Kollek, A. Dally, August 1991, 40 S., Bestell-Nr. 12076, DM 13.50

Biologisches Risikopotential gentechnisch veränderter Zellkulturen
Werkstattreihe Nr. 58, R. Kollek, Sept. 1989, 57 S., Bestell-Nr. 12058, DM 13.–

Gutachten zu der wissenschaftlichen Zielsetzung und dem wissenschaftlichen Sinn des Freisetzungsexperimentes mit transgenen Petunien
Februar 1991, 39 S., Bestell-Nr. 6008, DM 12.50

★ Gentechnisch arbeitende Einrichtungen in Hannover: Bestandsaufnahme und Einschätzung der Abwassersituation
B. Tappeser, R. Willmund, Juli 1991, 78 S., Bestell-Nr. 6009, DM 18.–

Produktlinienanalyse

Bewertungskriterien für die Beschaffung verschiedener Papiere
R. Pfeifer, K. Kümmerer, September 1991, 45 S., Bestell-Nr. 4020, DM 10.–

Die gegenwärtige Produktpolitik und ihre Umgestaltung mit Hilfe der Produktlinienanalyse
Werkstattreihe Nr. 54, T. Baumgartner, F. Rubik, V. Teichert, Dez. 1989, 90 S., Bestell-Nr. 12054, DM 16.–

Tagungsband »Produktlinienanalyse« der Arbeitstagung des Öko- Instituts in Hannover
1991, 64 S., Bestell-Nr. 4019, DM 12.80

PVC – Ein Kunststoff verschlechtert unser Leben
Werkstattreihe Nr. 51, A. Borgmann, April 1989, 100 S., Bestell-Nr. 12051, DM 18.–

Produktlinienanalyse
Projektgruppe Ökologische Wirtschaft, Kölner Volksblatt Verlag, August 1987, 180 S., Bestell-Nr. 11002, DM 34.–

Porzellan–Mehrweggeschirr oder Polystyrol–Einweggeschirr?
Werkstattreihe Nr. 69, C.-O. Gensch, Nov. 1990, 57 S., Bestell-Nr. 12069, DM 13.50

★ Freiburger PLA – Kongreß
Tagungsband, 49 S., Bestell-Nr. 4024, DM 14.50

Landwirtschaft

Extensivierung d.Landwirtschaft–Warum– wo– wie?
Werkstattreihe Nr. 65, B. Sassen, Freiburg, Mai 1990, 56 S., Bestell-Nr. 12065, DM 12.–

Regionale und ökologische Agrarpolitik: am Beispiel der Milchwirtschaft in Südbaden
Werkstattreihe Nr. 67, F. Thomas, Juli 1990, 127 S., Bestell-Nr. 12067, DM 21.–

Abfall

★ Industrie- und Gewerbeabfallkonzept für die Stadt Krefeld
J. Dopfer, Ch. Ewen, R. Neuser–Dümpelfeld, O, Band, Febr. 1992, 159 S., Bestell-Nr. 7012, DM 35.–

★ Entwurf einer Abfallwirtschaftssatzung für den Landkreis Greiz und Überlegungen zur Gestaltung der Abfallgebühren
G. Both, B. Gebers, Jan. 1992, 89 S., Bestell-Nr. 7011, DM 21.–

Umweltprobleme des Stahlschrottrecyclings
Werkstattreihe Nr. 72, O. Bandt, Mai 1991, 148 S., Bestell-Nr. 12072, DM 25.50

Vermeidungsagentur – Konzeptstudie für eine Agentur für gewerbliche Abfälle
Ch. Ewen, C.O. Gensch, F. Hemmerich, 1991, 77 S., Bestell-Nr. 7001, DM 17.–

Industrielle Müllvermeidung am Beispiel des Einsatzes von Wasserlacken zur Serienlackierung in der Automobilindustrie
Werkstattreihe Nr. 64, E. Mink, März 1990, 168 S., Bestell-Nr. 12064, DM 25.50

Neue Technologien zur Behandlung halogen-organischer Sonderabfälle
Werkstattreihe Nr. 68, R. Gensicke, Sept. 1990, 295 S., Bestell-Nr. 12068, DM 40.–

★ Strategieentwicklung für die Erstellung eines Sonderabfall – Vermeidungs– und Verminderungsplanes für Niedersachsen
Öko-Institut, Darmstadt, Prognos AG Berlin, 1991, 2 Bände 335 S., Bestell-Nr. 7010, DM 30,–

★ Müllvermeidung – Müllverwertung
M. Bohm, G. Both, M. Führ, C.F. Müller-Verlag, 1992, 130 S., Bestell-Nr. 3001, DM 38.–

Ein vollständiges Literaturverzeichnis kann bei uns angefordert werden.

ÖKO-INSTITUT
INSTITUT FÜR ANGEWANDTE ÖKOLOGIE E.V.

Geschäftsstelle Freiburg
Binzengrün 34a
7800 Freiburg
Tel. 07 61 / 47 30 31
Fax 07 61 / 47 54 37

Büro Darmstadt
Bunsenstr. 14
6100 Darmstadt
Tel. 0 61 51 / 81 91 - 0
Fax 0 61 51 / 81 91 33

Bankverbindung:

Sparkasse Freiburg, BLZ 680 501 01, Konto-Nr. 2 06 34 47

Postgirokonto PGIROA Karlsruhe, BLZ 660 100 75, Konto-Nr. 1360 18-759

Hergestellt aus 100 % Altpapier